储能电池
及其在电力系统中的应用

国网湖南省电力有限公司电力科学研究院
湖南省湘电试验研究院有限公司　组编

邱应军　主编

中国电力出版社
CHINA ELECTRIC POWER PRESS

内 容 提 要

　　储能技术在提高电网对新能源的接纳能力、电网调频、削峰填谷、电能质量和电力可靠性等方面起到重要的作用，在未来电力系统的应用市场潜力很大。本书围绕储能电池在电力系统中的应用，详细对比了储能电池与其他类型储能技术。通过丰富的实例列举，对不同类型、工作原理的储能电池进行了详细的介绍和解读，能够帮助读者系统性的了解和掌握储能电池在电力系统中的应用。

　　本书原理阐述简明，案例丰富，既可为相关技术人员提供参考，也可为有一定材料科学基础和电力系统基础的大学生作为参考书目。同时，本书也可以作为电力系统工程和材料科学工程科普读物使用。

图书在版编目（CIP）数据

储能电池及其在电力系统中的应用/邱应军主编；国网湖南省电力有限公司电力科学研究院，湖南省湘电试验研究院有限公司组编 . —北京：中国电力出版社，2018.12

ISBN 978-7-5198-2607-9

Ⅰ. ①储⋯　Ⅱ. ①邱⋯ ②国⋯ ③湖⋯　Ⅲ. ①蓄电池-应用-智能控制-电力系统-研究　Ⅳ. ①TM76

中国版本图书馆 CIP 数据核字（2018）第 254714 号

出版发行：中国电力出版社
地　　址：北京市东城区北京站西街 19 号（邮政编码 100005）
网　　址：http：//www. cepp. sgcc. com. cn
责任编辑：王　南（010-63412876）
责任校对：黄　蓓　李　楠
装帧设计：郝晓燕
责任印制：石　雷

印　　刷：北京天宇星印刷厂
版　　次：2018 年 12 月第一版
印　　次：2018 年 12 月北京第一次印刷
开　　本：787 毫米×1092 毫米　16 开本
印　　张：10.75
字　　数：185 千字
印　　数：0001-1000 册
定　　价：48.00 元

编　委　会

主　编　邱应军

编写人员　熊　亮　刘蛟蛟

前　言

　　电池储能是历史悠久的电能存储方式之一，主要是将电能转化为化学能并储存起来，并根据实际应用需要可将化学能再转为电能而向外供电。在众多储能技术中，电化学储能技术进步最快，以锂离子电池、钠硫电池、液流电池为主导的电化学储能技术在安全性、能量转换效率和经济性等方面均取得了重大突破，极具产业化应用前景。整体上来说，电化学储能技术具有能量密度高、综合效率高、建设周期短、容量和功率规模适用范围广等优点。随着大容量集成技术的成熟以及综合造价的进一步降低，有望在电力系统削峰填谷、频率和电压调节、电能质量调节、系统备用以及可再生能源灵活接入等方面发挥重要的作用。

　　本书系统性地介绍了各种储能电池的技术特点及其在电力系统发输配用各环节的应用、国内外储能技术的发展状况和储能产业政策。全书共分六章：第一章主要介绍了智能电网对先进储能技术的需求，概述了电力系统中运用的储能技术，介绍了机械类、电气类、电化学类、热力储能和化学类五大储能类型的代表技术；第二章对储能电池进行概述，从电池结构、电极材料、储能特性和应用实例等方面，对铅酸电池、锂离子电池、液流电池、钠硫电池、燃料电池以及电池配套系统进行了详细的解读；第三章主要介绍了储能电池在发电侧的应用，首先对可再生能源发电发展与其并网的特点进行分析，进一步讨论储能电池在可再生能源发电并网中起到的作用，然后再列举储能电池在发电端应用实例并进行分析；第四章主要介绍了储能电池在配电侧的应用，讨论了储能技术在智能配电网中的关键应用，分析了储能技术在配电侧无功支持、缓解输电阻塞、延缓输配电设备扩容和变电站内的直流电源 4 个方面的应用，并列举了相关实例；第五章主要介绍了储能电池在用户侧的应用，对用户分时电价管理、容量费用管理、电能质量管理 3 个方面均作了相关介绍；第六章介绍了储能电池在分布式微电网的应用，并系统阐述了储能系统在微网中的作用及优化配置以及工程应用实例。

　　本书以储能电池在电力系统中的应用为出发点，从列举实例和工作原理分析入手，简明说理，力求帮读者对储能电池在电力系统中的应用范围、现状和前景有一个系统的了解，相信会对读者的工作起到很好的借鉴作用。同时，由于时间和水平的限制，书中难免有不妥之处，望广大读者不吝赐教。

编　者

2018 年 8 月

目　录

第一章　智能电网与储能技术

随着智能电网的发展和新能源发电的推广应用，传统电网时刻处于发电与负荷之间的动态平衡状态将被彻底打破，电网的调度、控制、管理也变得日益困难和复杂。先进高效的大规模储能技术为传统电网的升级改造乃至变革提供了全新的思路和有效的技术手段。大容量、高性能、规模化储能技术应用之后，电力将成为可以储存的商品，这将打破传统电力系统运行必须遵行的发电、输电、变电、配电、用电同时完成的固有概念，将会对电网的运行管理模式带来根本性变化，促进电网的结构形态、规划设计、调度管理、运行控制及使用方式等方面发生根本性变革。储能技术在电力系统中的应用已成为电网发展的一个必然趋势。

目前，储能技术在电力系统中的应用仍然处于探索和示范阶段。国内外都对储能的技术和经济性进行了调研和评估，并结合社会需求和电力系统自身属性，积极探索和实践储能技术在电力系统中应用的有效途径。储能技术在提高电网对新能源的接纳能力、电网调频、削峰填谷、提高电能质量和电力可靠性等方面的重要作用已经在国际上达成共识，在未来电网中的应用市场潜力很大，其发展趋势与各类储能技术特性和市场潜力紧密相关。

第一节　智能电网对储能技术的需求

智能电网（smart power grids，SPG），就是电网的智能化，也被称为"电网2.0"，它是建立在集成的、高速双向通信网络的基础上，通过应用先进的传感和测量技术、设备技术、控制方法及决策支持系统技术，实现电网的可靠、安全、经济、高效、环境友好和使用安全的目标，其主要特征是自愈、激励、抵御攻击，同时提供满足21世纪用户需求的电能质量、容许各种不同发电形式的接入、启动电力市场以及资产的优化高效运行。

美国是最早提出智能电网的概念，也是最早将发展智能电网付诸实践的国家，经过多年的发展已积累了一些成功的经验。美国的智能电网又称统一智能电网，是指将基于分散的智能电网结合成全国性的网络体系。这个网络体系主要包括：

（1）通过统一智能电网实现美国电力网格的智能化，解决分布式能源体系的需要，以长短途、高低压的智能网络联结客户电源；

（2）在保护环境和生态系统的前提下，营建新的输电电网，实现可再生能源的优化输配，提高电网的可靠性和清洁性；

（3）系统可平衡跨州用电的需求，实现全国范围内的电力优化调度、监测和控制，从而实现美国整体的电力需求管理，以及美国跨区的可再生能源提供的平衡；

（4）美国智能电网体系的另一个核心就是解决太阳能、氢能、水电能和车辆电能的存

储能电池及其在电力系统中的应用

储，它可以帮助用户出售多余电力，包括解决电池系统向电网回售富裕电能。

实际上，美国的智能电网就是以可再生能源为基础，实现发电、输电、配电和用电体系的优化管理。图 1-1 为智能电网技术的应用示意图。

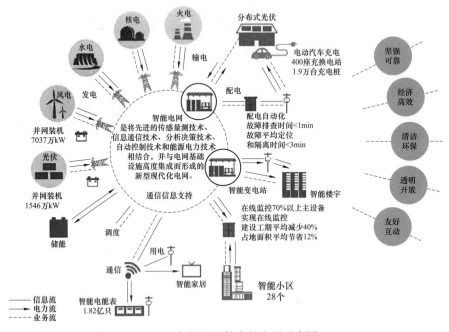

图 1-1 智能电网技术的应用示意图

2009 年 5 月 21 日，中国国家电网公司首次公布智能电网计划（Smart grid plan/Intelligent electrical network plan），其内容包括：以坚强智能电网架为基础，以通信信息平台为支撑，以智能控制为手段，包含电力系统的发电、输电、变电、配电、用电和调度各个环节，覆盖所有电压等级，实现"电力流、信息流、业务流"的高度一体化融合，是坚强可靠、经济高效、清洁环保、透明开放、友好互动的现代电网。预计 2020 年中国可再生能源装机将达到 5.7 亿 kW，占总装机容量的 35%，每年可减少煤炭消耗 4.7 亿 t 标准煤，减排二氧化碳 13.8 亿 t。其中，风能、太阳能等非水电的可再生能源比例将大大提高，而这些间歇性可再生能源的大规模利用将对传统电网提出挑战。储能设备在新能源并网领域的突出表现使得其将成为我国构建智能电网的重要环节。

我国的智能电网与美国智能电网在发展上虽然有本质的区别，但是发展智能微电网已经成为全球各大电网企业的共识。智能微电网是对电力服务的重新定位，它让供电商与电力消费者在电力设备设计与规划期间互相沟通成为可能，从而实现最大程度的双赢。目前大部分正在搭建的智能微电网都不能产生和储存足够用来直接并网的电力，必须通过装置连接。实际上智能电网和供电商保持稳定而复杂的关系，即通过电力的买进卖出以及与电网的连接和断开来调节电量，并为电网减压。供电商也能将智能微电网用于节能项目，在用电高峰期的时候调动备用电力。借助这些"迷你"网络，电力运营商能够拉近与学校科研单位和企业的距离，帮助其找出管理分布式输电的最佳节能方式。同时，可再生能源并入智能微电网相对简单，并且储能功率在供电商来看也比较高。普通智能电网所需的设备太沉不方便安装，因此智能微电网就成了最简单的替代方式。

与欧美等国的智能微电网研究现状相比，我国的发展尚处于起始阶段，目前重在解决分布式发电并网问题。国内已有众多高校、科研机构和企业建设了一批以风、光为主要新能源发电形式的智能微电网示范工程，目前最主要的障碍停留在技术层面，即很难做到与常规电网同步。为了让发出的电力能够上网，电压、电频和功率都要受控。甚至于智能微电网的设备也要符合已有的标准，以便维持电网负荷平衡。基于上述原因，储能装置就成了智能微电网最关键的组成部分。目前的储能方式都很昂贵，因此智能微电网一旦加装了储能装置，维护成本就将被推高。

随着电力需求的增长和智能电网的发展，一些新的矛盾日益突出，主要问题包括以下几个方面：

（1）系统装机容量难以达到峰值负荷需求，大规模增加装机容量不仅需要大量投资，在电力需求低谷时还会造成设备闲置；

（2）电网的输电能力难以满足用户需求；

（3）电网受到扰动后的安全稳定问题；

（4）伴随智能电网发展的新能源和可再生能源大规模并网、输送、配送以及运行、消纳的问题；

（5）管理电网高峰需求的高额成本以及用于电网基础设施建设以提高电网可靠性和智能化水平的大型投资费用。

为了解决上述一系列问题，提高现代电力系统的运行能力和供电质量，保证基于分布式发电的智能电网的进一步发展，开发使发电与用电相对独立的储能技术极为重要。

目前，储能技术已经成为智能电网中重要的一环，在电力系统各环节都可以发挥作用。一是在发电端与传统发电技术配合，提升清洁能源的并网率。在发电端，大容量储能系统可以作为发电厂的辅助服务设施，对太阳能、风电等不稳定电源起到稳压、稳流作用。二是在输配环节，储能技术可以用在变电站上起到削峰填谷的作用。这一环节的应用在美国正变得日益重要。储能技术可以作为配电网中变电站的技术升级，推迟电网的更新换代，降低成本。三是在消费环节，在"电表前"和"电表后"，都有储能技术的应用。就"电表前"而言，在美国东西海岸，尤其是东海岸地区的电网公司正在积极投资建设储能设施。因为这些地区容易受到飓风影响，储能设施可以让电网更有弹性，在对抗飓风时更稳定。就在"电表后"而言，储能设施为用户提供服务，比如特斯拉的充电墙。在美国部分地区，每天特定时间内为电动车充电有助于电网调峰，而且还会有所回报。除加州外，伊利诺伊、纽约、新泽西、德州等州也都设立了很好的激励政策，鼓励消费者在电表后设立储能或者自发电设施。表1-1为智能电网中储能技术应用分类。

表1-1　　　　　　　　　智能电网中储能技术应用分类

名称	应　用
发电系统	能源管理，负荷运行，负荷跟踪，负荷调节
输配电系统	电压控制，电能质量改善，系统可靠性提高，资产利用率提高

名称	应 用
辅助服务	频率控制，旋转备用管理，备用容量管理，长期备用管理
可再生能源	可再生能源发电控制和系统集成，系统错峰发电，可再生能源储备
终端用户	不停电电源应用，穿越功率管理，外购电力优化，无功、电压支撑

电能的存储是伴随着电力工业发展一直存在的问题，其实到现在为止也没有一种非常完美的储能技术，但经过几代科学家的努力，一些比较成熟的储能技术在各行各业发挥着重要的作用。

第二节 电力储能技术概述

电能可以转换为化学能、势能、动能、电磁能等形态存储，按照存储具体方式可分为机械类、电化学类、电气类、热储能和化学类五大类型，其中前四种已经在电力系统中得到应用或有相关的示范项目。机械类储能包括抽水蓄能、压缩空气储能和飞轮储能；电化学类储能包括铅酸、镍氢、镍镉、锂离子、钠硫和液流等各类二次电池；电气类储能包括超导磁、超级电容和高能密度电容储能；热储能包括熔盐储能和热电储能以及采用相变材料和热化学材料储能等；化学类储能包括合成天然气和电解水。图1-2为按照储能方式对储能技术进行的归类。

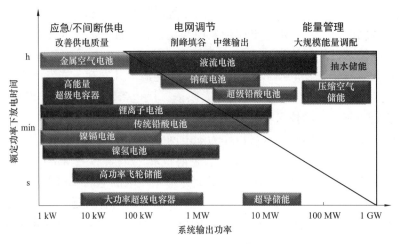

图1-2 储能技术分类

各类储能技术的成熟程度不同，在电力系统中的应用程度也不同。有的技术已经非常成熟，如抽水蓄能已经成为电力系统中最常用也最可靠的储能方式，电气类和电化学类储能技术虽然已经得到一定的应用，但是仍然需要进一步的发展，而热力储能和化学类储能技术在电力系统中的应用潜力仍然在探索阶段。图1-3为不同储能技术功率等级及其技术成熟度，图1-4为储能技术在电力系统中不同应用模式所需的功率和响应时间需求。表1-2简单比较了用于电力系统的主要储能技术，本节将对应用在电力系统中的储能技术进行简要的介绍和比较。

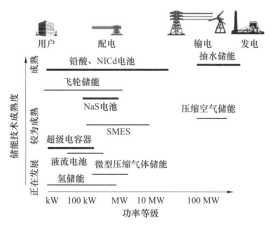

图 1-3　储能技术功率等级及其技术成熟度

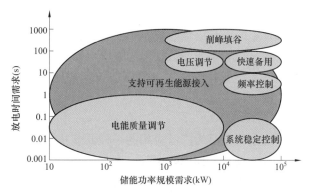

图 1-4　储能应用模式功率与放电时间需求

表 1-2			应用于电力系统的主要储能技术比较	
储能类型		额定功率等级	响应时间	技术特点	应用场合
机械储能	抽水蓄能	100～2000MW	4～10h	适于大规模储能，技术成熟。响应慢，不易选址	日负荷调节，频率控制和系统备用
	压缩空气	10～300MW	6～20h	适于大规模储能，技术成熟。响应慢，不易选址	调峰、调频，系统备用，风电储备
	飞轮储能	5kW～10MW	1s～15min	响应快，比功率高。寿命短，成本高、噪声大	调峰、频率控制，UPS和电能质量
电磁储能	超导储能	10kW～50MW	1ms～5min	响应快，比功率高。成本高、维护困难	输配电稳定、抑制振荡、UPS和电能质量
	超级电容	10kW～1MW	1～30s	响应快，寿命长，比功率高。储能量低，成本高	可应用于定制电力以及FACTS

储能类型		额定功率等级	响应时间	技术特点	应用场合
电化学储能	铅酸电池	5kW~100MW	1~20h	技术成熟，成本低。比能量比功率低，寿命短，环保问题	电能质量、电站备用、黑启动及UPS/EPS
	液流电池			响应快，寿命长，效率高。可深放，安全性好，环保。功率密度稍低	电能质量、备用电源、调峰填谷、能量管理、可再生能源系统稳定及EPS
	钠硫电池	100kW~100MW		比能量与比功率高，寿命长。高温运行，安全问题	电能质量、备用电源、调峰填谷、能量管理、可再生能源系统稳定及EPS
	锂电池			比能量高，单体寿命长，自放电小。成组寿命低、成本高，安全问题	电能质量、备用电源及UPS

一、机械类储能

目前，应用在电力系统中的机械类储能技术主要包括抽水蓄能、压缩空气储能和飞轮储能。其中，抽水蓄能技术已经非常成熟，在电力系统中得到广泛应用。压缩空气储能技术成熟度较高，目前已经进入产业化阶段。飞轮储能技术相比前两者，技术成熟度不高，仍然处于产业化的初级阶段。

（一）抽水蓄能

抽水蓄能是在电力系统中得到最为广泛应用的一种储能技术，非常适合用于电力系统调峰和用作长时间备用电源的场合，如调峰填谷、调频、调相、紧急事故备用、黑启动和提供系统的备用容量，还可以提高系统中火电站和核电站的运行效率。抽水蓄能配备上、下游两个水库，负荷低谷时段抽水蓄能设备工作在电动机状态，将下游水库的水抽到上游水库保存，负荷高峰时抽水蓄能设备工作于发电机状态，利用储存在上游水库中的水发电。建站地点要求水头高，发电库容大，渗漏小，压力输水管道短，距离负荷中心近。

抽水蓄能电站比锂离子电池有更好的投资效益比。因为锂离子电池的价格现在仍然比较贵。从蓄能的观点看，抽水蓄能电池也许比锂离子蓄能电池在充放电过程中要多损失一些能量。锂离子电池的充放电效率可以做到85%~90%，抽水蓄能只有75%~80%。但是抽水蓄能电站不仅可以吸收光伏发电加风电发出的电力，而且可以多接收来自天空的"天落水"增加发电能力。所以抽水蓄能的"蓄能"效益，实际上比锂离子还高。抽水蓄能电站和太阳能、风能相结合，专门保证高峰用电的供应，从电力的调配上最为合理。因为水能发电的最大优势在于随时可以发电和停机，启动和关闭闸门都比较容易。但限制抽水蓄能电站更广泛应用的重要制约因素是地理位置受限程度大、建设工期长、工程投资较大。

我国抽水蓄能电站面临高速发展契机。在运规模2849万kW，在建规模达3871万kW，预计到2020年，运行总容量将达4000万kW。截至2017年11月底，国家电网的抽水蓄能电站在运、在建规模分别为1916、2175万kW。而一般工业国家抽水蓄能装机占比在5%~10%，其中日本2006年抽水蓄能装机占比即已经超过10%。中国抽水蓄能电站的建设起步较晚，一度被认为建设速度落后，占全国电力总装机的比重太少。其开发建设的主体，主要是国家电网公司、南方电网公司两家电网企业，多为两家公司独资或控股投资建设。近年来，中国"弃风、弃光"等新能源消纳难题一直突出，业内呼吁建设抽水蓄能电站来解决电力系统调峰能力不足问题。2016 年，国家能源局发布《水电发展"十三五"规划》强调了对抽水蓄能电站的规划。"十三五"期间，全国新开工常规水电和抽水蓄能电站各 6000 万 kW 左右；新增投产抽水蓄能电站 1697 万 kW；2020 年，抽水蓄能装机容量达到 4000 万 kW。

2017 年 12 月 22 日，河北易县、内蒙古芝瑞、浙江宁海、浙江缙云、河南洛宁、湖南平江抽水蓄能电站工程开工动员大会在北京召开，6 座抽水蓄能电站开始建设。按计划，这 6 座电站全部将在 2026 年前竣工投产。其中，易县抽水蓄能电站的装机容量为 120 万 kW，工程投资 80.22 亿元。电站投产后，将以 500kV 线路接入河北南部电网。内蒙古芝瑞抽水蓄能电站装机容量也为 120 万 kW，工程投资 83.08 亿元，工程完工后将以 500kV 电压接入蒙东电网。浙江缙云抽水蓄能电站，在六座电站中装机容量最大、投资额最高，其装机容量为 180 万 kW，投资 103.9 亿元。宁海抽水蓄能电站的装机则为 140 万 kW，投资 79.5 亿元。截至目前，中国抽水蓄能电站装机容量已居世界第一，在运规模 2849 万 kW，在建规模达 3871 万 kW，预计到 2020 年，运行总容量将达 4000 万 kW。其中，截至 2017 年 11 月底，国家电网的抽水蓄能电站在运、在建规模分别为 1916、2175 万 kW。图 1-5 为重庆蟠龙抽水蓄能电站三维透视图和抽水蓄能工作原理图。表 1-3 列出了国外 8 个

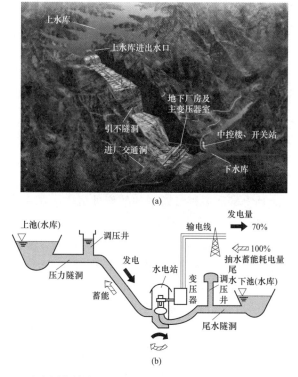

(a)

(b)

图 1-5　重庆蟠龙抽水蓄能电站三维透视图和抽水蓄能工作原理图

（a）重庆蟠龙抽水蓄能电站三维透视图；（b）抽水蓄能工作原理图

大型抽水蓄能电站的情况。

表1-3 国外8个大型抽水蓄能电站的情况

序号	电站	国家	装机容量（MW）	投入时间（年）
1	落基山	美国	760	1995
2	锡亚比舍	伊朗	1000	1996
3	奥清率Ⅱ	日本	600	1996
4	葛野川	日本	1600	1999
5	拉姆它昆	泰国	1000	2000
6	金谷	德国	1060	2003
7	神流川	日本	2820	2005
8	小丸川	日本	1200	2007

（二）压缩空气储能

压缩空气储能（Compressed-Air Energy Storage，CAES）是利用非峰时电能压缩空气并贮存在水库、地下洞穴或地上管道或容器里，当需要电能时，加热压缩空气使其膨胀，导入汽轮发电机发电。压缩空气蓄能电站有许多优点：通过改进电网负荷率，提高经济性，同时使系统中大型发电机组的负荷波动减小，提高可靠性。和抽水蓄能电站相比，压缩空气储能站址选择灵活，不需建造地面水库，地形条件容易满足。压缩机由电网供电的电动机驱动，因此汽轮机的输出功率全部用于发电，其发电功率是常规燃气轮机电站的3倍。同时由于大量能量储存在空气和燃料中，与抽水蓄能电站相比，有很高的能量密度。压缩空气蓄能电站在压缩空气瞬间即可使用，在无照明的条件下也可以启动而且启动快，3min即可从空载达到额定出力，提高了系统的灵活性，适于作旋转备用。压缩空气蓄能电站可以积木式地组装，可以实现模块化。一座220MW的电站可用25~50MW的小型压缩空气蓄能电站积木式地逐年扩建发展。

地下CAES是最经济有效的，蓄能能力达到40MW，发电时间在8~26h。选择这类电站的位置需要证实该位置的地质构造是否能保证空气储存的完整性。地上CAES通常要比采用地下CAES小很多，发电容量为3~15MW，发电时间为2~4h，相比较更容易选址但建设费用更高，主要因为地上储能系统日益增加的额外成本。第一个投入商用的CAES是1978年建于德国的一台290MW机组；1991年，美国的阿拉巴马州建成了第二台商用CAES，它把压缩空气储存在地下450m的废盐矿中，可以为110MW的汽轮机连续提供26h的压缩空气，这台机组在14min之内并网；第三台商业运行的CAES，于2011年在美国俄亥俄州起建，整个电站装机容量为2700MW，共9台机组，压缩空气储存在一个现有的位于地下2200英尺深的石灰石矿井里。目前随着分布式电力系统的发展，人们对于8~12MW微型压缩空气储能系统开始关注。2009年压缩空气储能被美国列入未来十大技术，德、美等国有示范电站投入运营，如1978年德国亨托夫投运的290MW的压缩空气蓄能电站，美国电力研究协会（EPRI）研发的220MW的压缩空气蓄能电站。总体而言，目前尚处于产业化初期，技术及经济性有待观察。2018年，全球首个液态空气储能工厂在英国诞生。这个液态空气储能工厂名为 Pilsworth，坐落于曼彻斯特，由英国专门研究储能系统的 Highview Power 公司负责运营，Highview Power 公司和伯明翰大学共同开发了这项液态空气储能技术，双方共同拥有 33 项专利，造价成本比其他大型电池都要便宜且更耐用。

　　图 1-6 为以压缩空气储能作为储能站的风电场工作示意图。为了让风力发电厂在无风状态下仍旧正常工作，电力公司需要达到实用规模的能量储存，一种解决办法是利用风能压缩空气并储存在容器或者地下洞穴，而后利用这些储存的空气带动发电机。图 1-7 为压缩空气储能原理图。

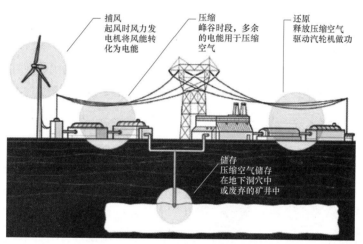

图 1-6　压缩空气储能作为储能站的风电场工作示意图

　　自 2003 年以来，我国也投入到 CAES 的研究中，目前华北电力大学正在进行压缩空气蓄能系统热力性能计算及其经济性分析的研究；在存储空间选择上，我国哈尔滨电力相关部门也在进行利用现有的地道作为贮气室的研究；还有的科研机构在进行海底式气缸研究。清华大学电机系在大规模物理储能方面取得重大科研突破。由卢强、梅生伟教授领导的科研团队在安徽省芜湖

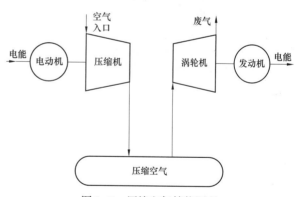

图 1-7　压缩空气储能原理

市建成了世界上首套 "500kW 非补燃压缩空气储能发电示范系统"，实现了百千瓦级的储能和发电实验，验证了回热式压缩空气发电技术方案的可行性和有效性。该示范系统成功将多级空气压缩、高压气体存储、循环式热回收、纯空气透平驱动和最优控制发电等多项关键技术和装置进行有机集成，可实现大规模电能存储和冷热电三联供的功能，具有零碳排、高效率、运行灵活和响应迅速等优点，为建设智能电网提供关键技术支撑。2014 年 11 月，该示范系统建成投产，凭借最大化回收并利用空气压缩热这一技术优势，所建示

范系统总体电能存储效率与国外大型补燃式储能电站相当，标志着我国在大规模储能技术领域已经处于国际领先水平。

（三）飞轮储能

飞轮储能的原理是电能转换成旋转物体的机械能，然后进行能量存储。在储能阶段，通过电动机拖动飞轮，使飞轮本体加速到一定的转速，将电能转化为机械能；在能量释放阶段，电动机作发电机运行，使飞轮减速，将机械能转化为电能。图1-8为飞轮储能系统结构图。为减少损耗，飞轮储能系统运行于真空度较高的环境中，现代飞轮储能系统都是由一个圆柱形旋转质量块和通过磁悬浮轴承支撑的机构组成，其特点是没有摩擦损耗、风阻小、寿命长、功率密度是电池的5~10倍、对环境没有影响，几乎不需要维护，适用于电网调频和电能质量保障，是目前最有发展前途的储能技术之一。缺点是能量密度比较低，保证系统安全性方面的费用很高，在小型场合还无法体现其优势，对需要数kWh或MWh能量储存的大规模电网不是很有吸引力，适用于时间和容量方面介于短时储能和长时储能之间的场合，如电能质量控制、不间断电源、电压稳定和电压调峰方面，目前，主要应用于为蓄电池系统作补充。

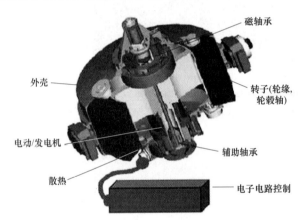

图1-8 飞轮储能系统结构图

近年来，飞轮转子设计、轴承支撑系统和电能转换系统都被各国的研究机构进行了深入研究。高强度碳素纤维和玻璃纤维材料、大功率电力电子变流技术、电磁和超导磁悬浮轴承技术极大地促进了储能飞轮的发展。目前，美国、英国及德国等工业强国在飞轮储能系统的研究与开发上取得了很大进展，开始由实验室研究转向试运行与实际应用，并向产业化、市场化方向发展。在美国，现代飞轮储能电源商业化产品开始推广，风险投资的大量介入，飞轮储能技术获得了成功应用。风电、太阳能发电本身所固有的随机性、间歇性特点，决定了其在能源系统所占比例增长和大规模应用，必定会对电网调峰和体系平安运转带来明显影响，必须要有先进的储能手艺作支持。飞轮储能技术发展到一定程度后，能在很大程度上解决新能源发电的随机性、波动性问题，可以实现新能源发电的平滑输出，有效调节新能源发电引起的电网电压、频率及相位的变化，使大规模风电和太阳能发电方便可靠地并入常规电网，减少温室气体排放。

我国飞轮储能技术的研究刚刚起步，近几年研究主要集中在两个方面：一是飞轮储能系统的基础研究，包括整机系统及各组件等关键技术的研究；二是飞轮储能系统的应用研究，这主要包括在电力调峰、航天航空、混合动力车及不间断电源等领域的应用研究。随着新材料的应用和能量密度的提高，飞轮储能下游应用逐渐成长，处于产业化初期。

二、电气类储能

电气类储能主要包括超导磁储能技术和超级电容储能技术，前者将电能储存于磁场中，后者将电能储存于电场中。电气类储能在功率密度和循环寿命方面有巨大的优势，可用于解决电网瞬间断电对用电设备的影响，而且可用于降低和消除电网的低频功率振荡，改善电网的电压和频率特性，进行功率因数的调节，实现输配电系统的动态管理和电能质量管理，提高电网应对紧急事故和稳定性的能力。

（一）超导磁储能

超导磁储能系统（SMES）是利用电阻为零的超导磁体制成超导线圈，形成一个大的电感，在通入电流后，线圈的周围就会产生磁场，电能将会以磁能的方式存储在其中。图1-9为超导磁储能系统及其储能原理示意图。SMES利用超导体制成线圈储存磁场能量，功率输送时无需能源形式的转换，具有响应速度快（ms级），转换效率高（≥96%）、比

(a)

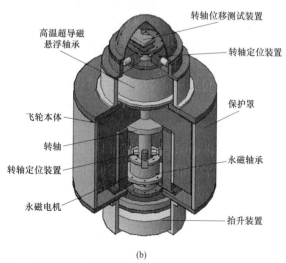

(b)

图1-9　超导磁储能系统及其储能原理示意图

（a）超导磁储能系统；（b）SMES储能原理图

容量（1~10Wh/kg）/比功率（104~105kW/kg）大等优点，可以实现与电力系统的实时大容量能量交换和功率补偿。超导磁储能按线圈材料分类可分为低温超导磁储能和高温超导储能。目前，世界上 1~5MJ/MW 低温 SMES 装置已形成产品，100MJ SMES 已投入高压输电网中实际运行，5GWh SMES 已通过可行性分析和技术论证。由于超导储能具备响应迅速、转换效率高、控制方便、体积小及重量轻等优点，可实现与电力系统的实时大容量能量交换和功率补偿，用于改善供电质量、提高电力系统传输容量和稳定性、平衡电荷，因此它在可再生能源发电并网、电力系统负载调节等领域被寄予厚望。近年来，随着实用化超导材料的研究取得重大进展，世界各国相继开展超导磁储能的研发和应用示范工作。但是，要实现超导磁储能的大规模应用，还需要提高超导体的临界温度，研制出力学性能和电磁性能良好的超导线材，提高系统稳定性和使用寿命。

SMES 可以充分满足输配电网电压支撑、功率补偿、频率调节、提高系统稳定性和功率输送能力的要求。在一些发达国家的电力系统中已得到初步应用，在维持电网稳定、提高输电能力和用户电能质量等方面开始发挥作用。和其他储能技术相比，超导磁储能仍很昂贵，除了超导本身的费用外，维持系统低温导致维修频率提高以及产生的费用也相当可观。目前，超导磁储能的研究项目主要集中在美国、日本及欧洲等发达国家，全球范围内能够提供超导储能产品的厂商只有美国超导公司，其产品主要包括低温超导储能的不间断电源和配电用分布式电源。我国在十五"863"计划中，启动了高温超导输电电缆、限流器、变压器以及高温超导磁储能系统等超导电力应用技术项目，取得了良好的进展。2005年 11 月，我国第一台直接冷却高温超导磁储能系统在华中科技大学电力系统动模实验室成功实现了动模实验运行。

（二）超级电容器

超级电容器（Supercapacitor 或 Ultracapacitor）是一种储能非常大的极化电解质/电介质电容器，其电容达法拉级以上，储能密度介于常规电容器与电池之间，是一种新型储能元件。超级电容器中，电荷以静电方式存储在电极和电解质之间的双电层界面上，在整个充放电过程中，几乎不发生化学反应，因此产品循环寿命长、充放电速度快，正常工作的温度范围在 -35~$+75$℃之间，极限温度（临界高温与低温）下抗恶劣环境温度的能力强。超级电容器与电池对比有以下的优点：①功率密度高，超级电容器的内阻很小；②充放电循环寿命长；③充电时间短；④提供高功率密度的同时能保证适度能量密度；⑤贮存寿命长；⑥工作温度范围宽 -40~$+70$℃（一般电池是 -20~$+60$℃）；⑦维护保养成本低，且环境友好，报废超级电容器的后期处理也不会对环境造成污染。

超级电容器根据电化学双电层理论研制而成，可提供强大的脉冲功率，充电时处于理想极化状态的电极表面，电荷将吸引周围电解质溶液中的异性离子，使其附于电极表面，形成双电荷层，构成双电层电容。超级电容器历经三代及数十年的发展，已形成容量 0.5~1000F、工作电压 12~400V、最大放电电流 400~2000A 系列产品，储能系统最大储能量达 30MJ。图 1-10 为超级电容器充放电的电压变化曲线。

目前，超级电容器价格较为昂贵，在电力系统中多用于短时间、大功率的负载平滑和电能质量峰值功率场合，如大功率直流电机的启动支撑、动态电压恢复器等，在电压跌落和瞬态干扰期间提高供电水平。超级电容器主要采用具有高比表面积的碳材料作为电极，

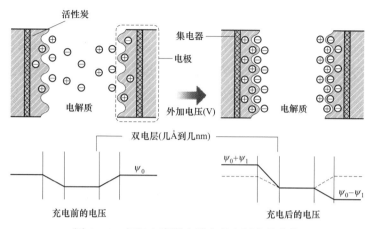

图 1-10 超级电容器充放电的电压变化曲线

采用水系或有机系溶液作为电解液。随着纳米碳材料和电极制作工艺的不断进步,产品成本进一步降低,能量密度得到提升,以俄罗斯 Econd、美国 Maxwell 等为代表的厂商开始将产品扩展到一些大功率的应用领域,如在电动汽车、轨道交通能量回收系统、小型新能源发电系统及军用武器等领域积极拓展市场。包括集盛星泰、奥威科技等在内的我国很多超级电容厂商,目前也在加紧拓展超级电容产品市场。大庆华隆电子有限公司是我国首家实现超级电容器产业化的公司,其产品包括 3.5、5.5V 及 11V 等系列。无锡力豪科技有限公司与中科院电工研究所无锡分所经过多年联合攻关,于 2011 年 8 月成功研制出基于超级电容器的动态电压恢复器(DVR)。中国中车股份有限公司拥有自主知识产权的 18m 超级电容储能式 BRT 快速公交车、12m 超级电容储能式公交车已经在宁波下线并亮相,上述纯电动公交车无须架设空中供电网,只需在公交站点设置充电桩,利用乘客上下车 30s 内即可把电充满,并维持运行 5km 以上。图 1-11 为中车集团生产的超级电容储能式现代电车。

图 1-11 中车集团生产的超级电容储能式现代电车

三、电化学类储能

电化学类储能即通过电化学反应完成电能和化学能之间的相互转换,从而实现电能的存储和释放。自从 1836 年丹尼尔电池问世以来,电池科学得到了迅速的发展。室温电池如铅酸电池、镍镉电池、镍氢电池、锂离子电池和液流电池，高温电池如钠硫电池和 ZE-BRA 电池等相继发展起来。目前铅酸电池和锂离子电池等多类电池已实现了大规模产业化，特别是高比能锂离子电池在电动汽车领域被认为具有较好的发展前景。从面向电网大规模储能的角度来看，储能价格和电池寿命是电化学储能技术的关键参数。一般认为，储能投资成本低于 250 美元/（kWh）、储能寿命达 15 年（循环 4000 周期以上）、储能效率高于 80% 的电化学储能体系能满足大规模储能市场的要求。现有电化学类储能技术还不能在价格和性能上全面满足上述要求。因此，在进一步提高现有电化学储能装置性能、降低储能价格的基础上，发展下一代性能优异的电化学储能新体系显得尤为重要。电化学类储能技术在电力系统中的应用潜力巨大，也是本书讨论的重点，在后续的章节中，将对电化学类储能的分类、原理和在电力系统中的应用情况进行具体分析和讨论。

四、热储能

热储能有许多不同的技术，可进一步分为显热储存（sensible heat storage）和潜热储存（latent heat storage）等。显热储存方式中，用于储热的媒质可以是液态的水，岩石、耐火高温混凝土等。而潜热储存是通过相变材料（Phase Change Materials，PCMs）来完成的，该相变材料即为储存热能的媒质。显热储存技术在电力系统中的应用前景更加明确，最有潜力的四种具体应用技术包括：太阳能热发电中的储热技术、带储热的压缩空气储能系统、深冷储电技术和热泵储电技术。

1. 太阳能热发电中的储热技术

光热技术是更加适合大规模集中式开发的太阳能发电方式，它与传统的化石能源发电相互配合使用，成为缓解能源危机的重要途径。为保证太阳能电站的全天候连续稳定运行并提高发电效率、降低发电成本，太阳能热发电系统中一般都会采用储热技术。目前世界上已经建设运行和正在建设中带储热的光热电站，几乎全部采用熔融盐储热，其具体配置为双罐式结构，如图 1-12 所示。第一套配置熔融盐储热系统的商业化太阳能热电站由西班牙 Andasol 建造并于 2009 年投入运行。迄今为止，包括意大利 Archimede 太阳能热电站、西班牙 Torresol 太阳能热电站等均通过熔融盐储热系统的配置，实现了 10MW 级系统的 24h 持续发电。值得指出的是，虽然熔融盐储热已经进入了商业化应用的阶段，但是在使用中的问题仍然十分突出，如碳酸盐液态的黏度大、易分解，氯盐对容器的强腐蚀性，硝酸盐溶解热较小、热导率低等问题。更为严重的是，由于熔融盐的凝固温度较高，一旦温度降低它有可能在集热器和管路中凝结从而可能使设备报废。因而熔融盐目前的研究热点之一是寻找新的配方以降低上述问题的发生率，并且更重要的是降低其凝固温度。

2. 带储热的压缩空气储能系统

带储热的压缩空气储能系统（绝热压缩空气储能系统）是解决压缩空气效率低和依赖化石燃料的途径之一。空气的压缩过程接近绝热，会产生大量且温度较高的压缩热。该压缩热能被存储在储热装置中，并在释能过程中加热压缩空气，驱动透平做功。相比于燃烧燃料的传统压缩空气储能系统，该系统的储能效率大大提高，可达到 75% 以上，同时，由于用压缩热代替燃料燃烧，系统去除了燃烧室，实现了零排放的要求。

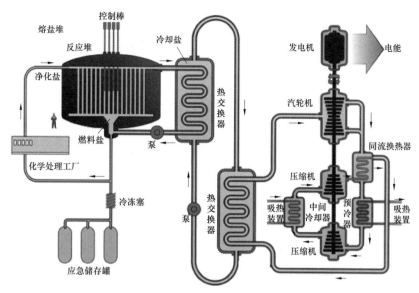

图 1-12 与燃机集成的包含储热单元的太阳能热发电系统示意图

3. 深冷储电技术

深冷储电技术是一种将储热（冷）直接用于大规模电能管理的技术。它以液态空气为储能介质，利用空气常压下极低的液化点解决了一般储热技术中能量密度小以及压缩空气储能高压储存困难的问题，因而可以将深冷储电技术看作是储热技术和压缩空气储能技术的结合。

由于低温液化及储存技术是成熟技术，在液化天然气行业已有很长的应用历史，因此深冷技术有潜力发展成为大容量储能技术，并像抽水蓄能电站那样为电网提供各种静态和动态服务，如削峰填谷、负荷跟踪、紧急备用容量等服务。世界上第一套深冷储能示范系统（400kW/3MWh）已于 2011 年建成并投入运行。该系统不仅验证了深冷储电技术的可行性，而且通过与就近的生物质电厂合作，示范了深冷储能系统在低品位余热利用方面的巨大潜力。利用电厂的低温余热转化为电能的整体储能效率还有很大的提升空间，但是它在快速启动及出功量快速爬升能力等方面已显示出巨大优势，目前该示范电厂与英国国家电网共同合作为电网提供各种容量需求和辅助服务。

4. 热泵储电技术

热泵储电技术通过完全的近似绝热的压缩和膨胀，同时产生高温热能和低温冷能，以此达到高效储存电能的目的。热泵储电系统利用一组高效可逆的热机/热泵将电能同时转化为热能和冷能并储存于两个绝热容器中。在储电的过程中，常温、常压的工作气体首先被压缩机近似绝热地压缩为高温高压气体，高温高压气体通过集热器将热能传递给储热介质，本身降温为高压常温气体排出集热器。而后，高压常温的工作气体通过透平机近似绝热地膨胀变为常压低温的气体，该气体通过集冷器将冷能传递给储冷介质，本身升温至常温常压气体排出集冷器，完成循环。在此过程中，压缩机耗功和透平机膨胀功之差即为消耗的净功，亦即储存的电能。当系统释能时，压气机和透平均反转并交换角色，系统的净出功驱动电机发电。

第三节　储能技术在电网中的应用前景

储能技术事关现代电力系统和新兴能源产业的发展，加快推动储能技术的产品研发、工业化制造和市场应用，已经成为世界多国政府共同的战略性选择。电力储能技术正朝着转换高效化、能量高密度化和应用低成本化方向发展，通过试验示范和实际运行日趋成熟，在电力系统中发挥出调峰、电压补偿、频率调节、电能质量管理等重要作用，确保了系统安全、稳定、可靠的运行。基于我国能源分布特点，我国电网已基本形成"西电东送、南北互供、全国联网"的格局。为确保大电网的安全性和可靠性，加强区域电网峰谷负荷的自调节性，提高输变电能力，解决跨区域供需矛盾，增加供电可靠性，改善用户电能质量并满足可再生能源系统的需要，实现电力系统的优化配置和电网的可持续发展，储能技术在电力系统中的作用将越来越关键。

电力储能技术的应用前景非常广阔。目前在储能技术及其应用领域中，研究的热点问题如下：

（1）兼具高功率密度、高能量密度的多元复合储能系统是解决新能源并网中诸多问题的必然选择，其中蓄电池和超级电容相结合的复合系统受到关注，其优化配置、协调运行控制等问题将会成为储能技术的研究热点。

（2）储能系统在新能源并网中应用场合的多样性和多元复合储能系统的协调控制等问题，使得对于其控制策略的研究尤为必要。解决系统干扰和参数变动的储能自适应控制策略与用于非线性、时变、不确定系统的储能模糊逻辑控制策略具有广阔的发展前景。

（3）各种形式能量的相互转换是非常重要的，必须解决大容量、快速、高效、低成本能量转换技术的问题，电力电子技术将成为研究的重点。

目前，除抽水蓄能以外的大部分储能技术在电网中的应用还处于示范阶段，因此量化储能的经济性还存在很大的困难，但是可以定性的分析储能可以带来的收益，以及谁可以获得利益。电力系统主要由发电企业（集团）、电网企业、电力用户组成，这三者在电力市场中关注领域不完全相同，表1-4列举了储能应用的实施方与受益方。

表1-4　　　　　　　　　　　　储能应用的实施方与受益方

电力系统各环节		储能应用实现的价值	电力用户应用	电网企业应用	发电企业应用
			电能管理	延缓电力设施投资	电力市场（包括电能市场、容量市场以及辅助服务市场）
			提高可靠性、减少电费支出	间接提高输配电设备的输电能力、提高电力基础设施的利用率	发电企业可以为电网提供电能、机组备用容量以及辅助服务
电力用户	1	提高电能质量	电力用户	电力用户	
	2	提高可靠性	电力用户	电力用户	
	3	减少电费支出	电力用户		
	4	减少容量费用（分部制电价容量部分费用）	电力用户		

续表

电力系统各环节		储能应用实现的价值	电力用户应用	电网企业应用	发电企业应用
			电能管理	延缓电力设施投资	电力市场（包括电能市场、容量市场以及辅助服务市场）
			提高可靠性、减少电费支出	间接提高输配电设备的输电能力、提高电力基础设施的利用率	发电企业可以为电网提供电能、机组备用容量以及辅助服务
配网	5	电压支持（暂态运行）	电网企业	电网企业	
	6	延缓配电网升级	电网企业	电网企业	
	7	提高可靠性（降低停电概率或停电时间）	电网企业		
	8	减少配网线损	电网企业	电网企业	
输电网	9	减少电力阻塞的概率	电网企业		电网企业
	10	延缓输电线路扩容投资	电网企业	电网企业	电网企业
	11	降低风电送出线路容量（或提高输变电设备的利用率）			电网企业
电网安全运行	12	延缓检风机组的投资	发电企业		发电企业
	13	向电力系统提供备用容量	电网企业	电网企业	电网企业/发电企业
	14	可再生能源接入（平滑输出）			电网企业/发电企业
	15	可再生能源接入（每日的削峰填谷）			电网企业/发电企业
发电端	16	调频	电网企业		
	17	备用机组（热备用、冷启动、维修备用）	电网企业	电网企业	发电企业
	18	调峰		电网企业	发电企业
	19	黑启动		电网企业	发电企业
	20	削峰填谷（低买高卖）			发电企业

表 1-4 中，粗体文字意味着由电力系统参与者提供的储能应用可带来哪些收益，并且这些收益有谁获得。例如，电力用户配置储能设备，提供可促使供电可靠性提高、电费减少的电能质量管理应用，可能带来的收益共含 14 项。其中，在用户侧提高电能质量等收益（表 1-4 中第 1 条到第 4 条）由用户自己获得，而同时带来的电网侧的电压支持等收益却由电网公司获得（表 1-4 中第 5 条到第 10 条，以及第 13、16、17 条），延缓尖峰机组的投资这部分收益由发电集团获得（第 12 条）。

从表 1-4 中可以看出，电力系统的参与者配置储能设备，带来的收益都是多重的，并且受益方不仅是储能设备的建设投资方，电力用户部署储能设备受益方包含电力用户、电网企业和发电集团，电网企业的储能部署可以为自己和电力用户带来好处，发电集团部署储能后自己和电网企业都有受益。

在我国电力系统中，大力推广和使用新型储能技术已经势在必行，图1-13为大规模储能技术在中国发展及应用的路线图。

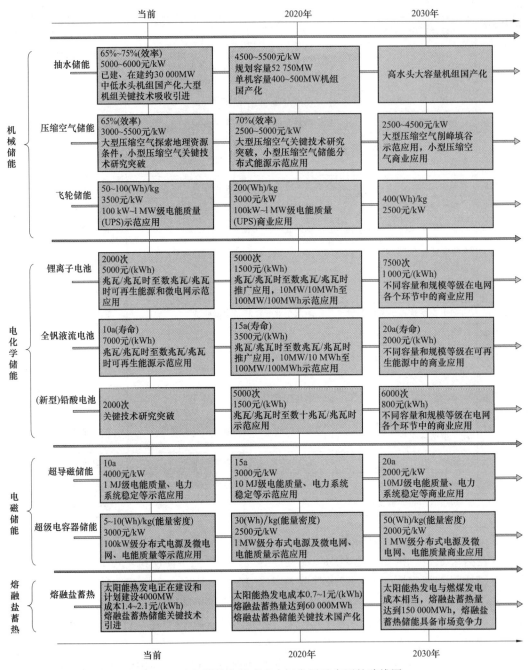

图1-13 大规模储能技术在中国发展及应用的路线图

对于抽水蓄能技术，国内抽水蓄能电站的土建设计和施工技术已经处于世界先进水平，机组的设备国产化进程正在加快，设备安装水平也在大幅度提高。因此，从技术、设备和材料等方面来看，已经不存在制约国内抽水蓄能电站快速发展的因素。抽水蓄能电站的技术路线主要体现在机组设备国产化制造方面。从路线图上看，中国短期内还无法掌握高水头、大容量抽水蓄能机组的制造技术 但从国内抽水蓄能电站的资源储备情况来看，只有少数几个电站涉及高水头、大容量机组设备制造技术，绝大部分电站的机组设备都在技术成熟范畴之内。

对于压缩空气储能技术，常规压缩空气储能技术已经比较成熟，但存在对大型储气室、化石燃料依赖等问题，必须在地形条件和供气有保障的情况下才可能得到大规模应用，未来发展主要是探索适宜建设压缩空气储能电站的地理资源。不采用地下洞穴和天然气的新型压缩空气储能系统结构简单，功能灵活，能够摆脱传统压缩空气储能系统对特殊地形的依赖，可以用于备用电源和分布式供能系统等，未来可开展相应的示范应用，对其功能、性能等作进一步探索、验证和评估。

对于电化学电池储能技术，根据前面的分析，传统铅酸电池和镍氢电池很难满足以可再生能源发电为代表的大规模储能应用的需求。钠硫电池、钠/氯化镍电池、锂硫电池和锂空气电池的应用前景还不明确。而锂离子电池、全钒液流电池和铅碳电池等新型铅酸电池在未来的 10~20 年间将逐步满足电力系统的要求，并进入广泛的工程示范应用阶段，技术路线图给出了这 3 种电池储能当前、2020 年和 2030 年的寿命与成本预期目标。

对于飞轮储能、超导磁储能和超级电容器等功率型储能技术，未来的发展目标主要是不断提高能量密度以及降低成本，技术路线图中重点给出了其能量密度的预期目标。对于熔融盐蓄热储能技术，其未来发展和应用前景与太阳能热发电密切相关。目前的太阳能热电站一般都采用蓄热和化石能源发电互补的方式实现 24h 连续运行，其中，熔融盐蓄热维持满负 荷发电运行的时间在 3~8h。对于一个 59MW 的槽式太阳能热电站，维持太阳下山后 连续发电 7.5h 需要的蓄热量大约是 1000MWh。按照这种配置方式，结合中国太阳能热发电的相关发展规划，技术路线图给出了熔融盐蓄热在国内太阳能热电站中的应用情况：在 2020 年熔融盐蓄热量将达到 6000MWh，在 2030 年将达到 150 000MWh，届时，熔融盐蓄热及太阳能热发电也将开始具备市场竞争力。

从图 1-13 可看出：在近 10 年，中国大规模储能技术仍然主要依靠抽水蓄能；在未来 10~20 年间，电化学储能中的锂离子电池、液流电池和铅酸电池将逐渐发挥重要作用并进入商业应用阶段，飞轮储能将在改善电能质量方面实现商业化应用；到 2030 年，超导储能将在改善电能质量、增强电力系统稳定性方面得到商业化应用，超级电容器储能将在改善电能质量、微电网方面得到商业化应用；不采用地下洞穴和天然气的新型压缩空气储能将在储能领域占一席之地，大型压缩空气储能将在具备地理条件的地区获得示范应用，而熔融盐蓄热也将和太阳能热发电一起开始具备市场竞争力。

参 考 文 献

［1］张雪莉，刘其辉，李建宁，等. 储能技术的发展及其在电力系统中的应用 ［J］. 电气应用，2012，31（21）：50-57.

［2］程时杰，李刚，孙海顺. 储能技术在电气工程领域中的应用与展望 ［J］. 电网与

清洁能源，2009，25（2）：1-8.

[3] 李松涛. 储能技术在电力系统中的应用 [J]. 通信电源技术，2014，31（1）：85-87.

[4] 赵大伟. 储能技术在坚强智能电网建设中的作用 [J]. 供用电，2010，27（4）：22-25.

[5] 叶季蕾，薛金花，王伟，等. 储能技术在电力系统中的应用现状与前景 [J]. 中国电力，2014，47（3）：1-5.

[6] 甄晓亚，尹忠东，孙舟. 先进储能技术在智能电网中的应用和展望 [J]. 电气时代，2011，1：44-47.

[7] 严晓辉，徐玉杰，纪律. 我国大规模储能技术发展预测及分析 [J]. 中国电力，2013，46（8）：22-29.

[8] 刘振亚. 中国电力与能源 [M]. 北京：中国电力出版社. 2012 年.

[9] 丛晶，宋坤，鲁海威，等. 新能源电力系统中的储能技术研究综述 [J]. 电工电能新技术，2014，33（3）：53-59.

[10] 尚志娟，周晖，王天华. 带有储能装置的风电与水电互补系统的研究 [J]. 电力系统保护与控制，2012，40（2）：99-105.

[11] 谢金龙，李艳霞，初振明，等. 超级电容器储能材料的研究进展 [J]. 材料导报，2012，26（8）：14-18.

[12] 许守平，李相俊，惠东. 大规模储能系统发展现状及示范应用综述 [J]. 电网与清洁能源，2013，29（8）：94-108.

[13] 曹明良. 抽水蓄能电站在我国电力工业发展中的重要作用 [J]. 水电能源科学，2009，27（2）：212-214.

[14] 李德海，卫海岗，戴兴建. 飞轮储能技术原理、应用及其研究进展 [J]. 机械工程师，2002（4）：5-7.

[15] 曹彬，蒋晓华. 超导储能在改善电能质量方面的应用 [J]. 科技导报，2008，26（1）：47-52.

[16] 李永亮，金翼，黄云，等. 储热技术基础（Ⅱ）——储热技术在电力系统中的应用 [J]. 储能科学与技术，2013，2（2）：165-171.

[17] 俞恩科，陈梁金. 大规模电力储能技术的特性与比较 [J]. 浙江电力，2011，35（12）：4-8.

[18] 郑重，袁昕. 电力储能技术应用与展望 [J]. 陕西电力，2014，42（7）：4-8.

第二章 储能电池概述

用电池储能是历史最悠久的电能存储方式之一，主要是将电能转化为化学能并储存起来，并根据实际应用需要可将化学能再转为电能而向外供电。在众多储能技术中，电化学类储能技术进步最快，以锂离子电池、钠硫电池、液流电池为主导的电化学储能技术在安全性、能量转换效率和经济性等方面均取得了重大突破，极具产业化应用前景。整体上来说，电化学储能技术具有能量密度高、综合效率高、建设周期短、容量和功率规模适用范围广等优点。随着大容量集成技术的成熟以及综合造价的进一步降低，有望在电力系统削峰填谷、频率和电压调节、电能质量调节、系统备用以及可再生能源灵活接入等方面发挥重要的作用。表 2-1 为国内外 MW 级电池储能示范工程案例。

表 2-1　　　　　　　　　国内外 MW 级电池储能示范工程案例

时间（年）	地点	储能系统	发挥作用	承担单位
2010	美国，明尼苏达州	1MW/7.2MWh 钠硫电池	对风电进行有效时移，电网的电压支撑	Minn 风能公司、NGK、NREL
2011	美国，西弗洛吉尼亚州	32MW/8MWh 锂离子电池	平抑 Laurel 风电出力，还为 PJM 公司提供调频服务	AES 公司
2012	智利	20MW/5MWh	电网调频	A123 等
2008	美国，印第安纳州	2MW 锂离子电池	参与辅助服务市场	AES、KEMA 咨询等
2008	日本，六所村	34MW 钠硫电池	平滑风电场出力	东京电力、NGK
2011	中国，张北	一期 14MW 锂离子电池和 2MW 液流电池	平抑风光波动、削峰填谷、电网调频、计划跟踪	国家电网公司
2011	中国，深圳	一期 3MW×4h	削峰填谷、电网调频	南方电网公司
2015	日本，西仙台	40MW/20MWh 锂离子电池	参与系统调频	日本东北电力
2016	中国，格尔木	15MW/18MWh 锂离子电池	跟踪计划出力、平滑光伏发电出力波动	格尔木时代新能源发电有限公司
2017	美国，SDG&E Escondido 电站	15MW/18MWh 锂离子电池	参与 CAISO 日前和实时电力市场，自动响应市场信号	圣地亚哥天然气电气公司

第一节 铅 酸 电 池

铅酸电池是指以铅及其氧化物为电极、硫酸溶液为电解液的一种二次电池，发展至今已有150多年历史，是最早规模化使用的二次电池。铅酸电池具有技术成熟、储能成本低（150~600美元/kWh）、可靠性好、效率较高（70%~90%）等优点，目前已经成为交通运输、国防、通信、电力等各个部门最为成熟和应用最为广泛的电源技术之一。但是铅酸电池的缺点是：循环寿命短（500~1000周期）、能量密度低〔30~50（Wh）/kg〕、使用温度范围窄、充电速度慢、过充电容易放出气体，加之铅为重金属，对环境影响大，使其后期的应用和发展受到了很大的限制。我国的铅酸电池技术发展历程如图2-1所示。

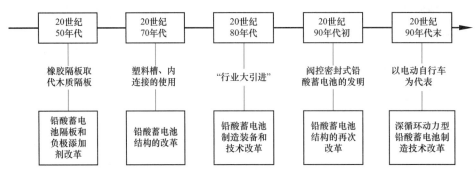

图2-1 我国铅酸蓄电池的技术发展历程

一、铅酸电池储能原理

铅酸电池俗称电瓶，其基本单元称为一个单体，铅酸电池单体的结构如图2-2所示。铅酸电池单体主要由正负极板、隔板、电解液、安全阀、接线端子、电池外壳等部件组成。其中，正极板为氧化铅，负极板为海绵状铅。稀硫酸作为电解液，使电子在正负极板之间转移。采用超细玻璃纤维棉作为隔板，电解液吸附在隔板中，电池内部无流动电解液。同时，隔板的多孔结构使电解液从正负极板之间来回流动，极板上的活性物质与电解液充分反应。安全阀采用具有优质耐酸和抗老化的合成橡胶材质，当电池内部气压升高时，安全阀自动打开，排出气体，使电池内部气压维持在一定范围内。外壳采用树脂纤维材质，通过外壳将电池保护起来，并提供正负极板放置空间。电池端子用于连接电池与外部电路。根据电池类型不同，端子可为连接片、连接棒或引出线。

铅酸电池通过正负极板间的氧化还原反应将能量储存或释放，其充放电过程分为可逆的主反应和不可逆的副反应，反应式如式（2-1）~式（2-5）所示。

$$正极： \quad PbSO_4+2H_2O \underset{放电}{\overset{充电}{\rightleftarrows}} PbO_2+H_2SO_4+2H^++2e^- \qquad (2-1)$$

$$副反应： \quad 2H_2O \xrightarrow{充电} O_2+4H^++4e^- \qquad (2-2)$$

$$Pb+2H_2O \xrightarrow{充电} PbO_2+4H^++4e^- \qquad (2-3)$$

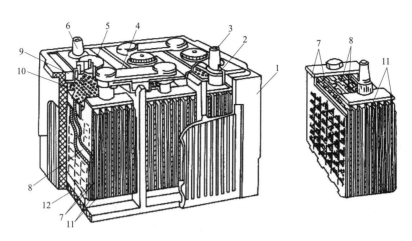

图 2-2　铅酸电池单体结构示意图

1—蓄电池外壳；2—电极衬套；3—正极柱；4—连接条；5—加液孔螺塞；6—负极柱；
7—负极板；8—隔板；9—封料；10—护板；11—正极板；12—肋条

$$负\quad极： \qquad PbSO_4+2H^++2e^- \underset{放电}{\overset{充电}{\rightleftharpoons}} Pb+H_2SO_4 \qquad (2-4)$$

$$副反应： \qquad 2H^++2e^- \xrightarrow{充电} H_2 \qquad (2-5)$$

1. 铅酸电池的电动势

（1）铅酸电池充电后，正极板是二氧化铅，在硫酸溶液中水分子的作用下，少量二氧化铅与水生成可离解的不稳定物质——氢氧化铅，氢氧根离子在溶液中，铅离子留在正极板上，故正极板上缺少电子。

（2）铅酸电池充电后，负极板是铅，与电解液中的硫酸发生反应，变成铅离子，铅离子转移到电解液中，负极板上留下多余的两个电子。可见，在未接通外电路时（电池开路），由于化学作用，正极板上缺少电子，负极板上多余电子，两极板间就产生了一定的电位差，这就是电池的电动势。

2. 铅酸电池充电过程

（1）充电时，应在外接一直流电源，使正、负极板在放电后生成的物质恢复成原来的活性物质，并把外界的电能转变为化学能储存起来。

（2）在正极板上，反应式（2-1）正向进行，在外界电流的作用下，硫酸铅被离解为二价铅离子和硫酸根负离子，由于外电源不断从正极吸取电子，则正极板附近游离的二价铅离子不断放出两个电子来补充，变成四价铅离子，并与水继续反应，最终在正极极板上生成二氧化铅。

（3）在负极板上，反应式（2-4）正向进行，在外界电流的作用下，硫酸铅被离解为二价铅离子和硫酸根负离子，由于负极不断从外电源获得电子，则负极板附近游离的二价铅离子被中和为铅，并以绒状铅附在负极板上。

（4）电解液中，正极不断产生游离的氢离子和硫酸根离子，负极不断产生硫酸根离子，在电场的作用下，氢离子向负极移动，硫酸根离子向正极移动，形成电流。

（5）充电前期转化率非常高，在极板的微孔内形成的硫酸剧增，来不及向外扩散，此时端电压迅速上升；充电中期，极板内硫酸开始向外扩散，当极板微孔内硫酸的增加速度和扩散速度趋于平衡时，充电接受率下降，端电压上升减缓；充电后期，在外电流的作用下，溶液中还会发生水的电解反应，反应式（2-2）、式（2-3）及式（2-5）正向进行，水分解产生大量氢气和氧气。

3. 铅酸电池放电过程

（1）铅酸电池放电时，在电池的电位差作用下，负极板上的电子经负载进入正极板形成电流，正极上反应式（2-1）逆向进行，二氧化铅与硫酸反应生成水，极板微孔内电解液浓度迅速下降，端电压随之下降。

（2）负极板上反应式（2-4）逆向进行，每个铅原子放出两个电子后，生成的铅离子与电解液中的硫酸根离子反应，在极板上生成难溶的硫酸铅。

（3）正极板的铅离子得到来自负极的两个电子后，变成二价铅离子与电解液中的硫酸根离子反应，在极板上生成难溶的硫酸铅。正极板水解出的氧离子与电解液中的氢离子反应，生成稳定物质水。

（4）电解液中存在的硫酸根离子和氢离子在电力场的作用下分别移向电池的正负极，在电池内部形成电流，整个回路形成，电池向外持续放电。

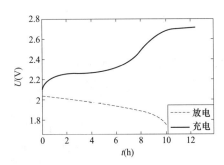

图 2-3　铅酸电池恒流充放电端电压变化曲线

（5）放电时硫酸浓度不断下降，负极板上的二氧化铅及海绵状铅大部分变为硫酸铅，堵塞在极板上和微孔内的硫酸铅由于体积较大，使极板外部的电解液难以渗入，电池内阻增大（硫酸铅不导电），电解液浓度下降，电池电动势降低。

铅酸电池充放电曲线如图 2-3 所示。铅酸电池在充放电过程中，生成或消耗的活性物质越多，铅酸电池存储的电量越大，蓄电能力也越强，即铅酸电池的容量取决于正负极板上活性物质的数量和电解液浓度。

二、储能特性

铅酸电池的内阻是指电流流经电池时所受到阻力，铅酸电池内阻可分为三部分：欧姆极化内阻、电化学极化阻和浓差极化电阻。电池的内阻不是固定不变的，一般受温度、电解液浓度等因素影响。欧姆极化内阻简称欧姆内阻，是指离子漂移过程中受到的阻力。为了克服阻力，外界必须施加电压，推动离子漂移。欧姆内阻主要由电解液电阻组成，遵循欧姆定律，受温度影响较小且存在于整个反应过程中。电化学极化内阻和浓差极化内阻是由电池的极化作用产生的。由于电化学反应造成电池内局部离子的增多或减少，而远处的离子来不及补充，从而产生电势差。这部分电势差可用电化学极化内阻上的电压降表示。浓差极化内阻是由于离子浓度分布不均造成的。在化学反应过程中离子浓度不断变化，因此浓差极化内阻总是变化的。

铅酸电池的容量分为额定容量和实际容量，单位用安时（Ah）表示。额定容量是指在环境温度为 25℃时，以 10 小时率放电所放出的最小电量。铅酸电池额定容量不受温度，充放电电流等因素影响，为恒定值。铅酸电池实际容量指在一定放电条件下放电到截止电压时所输出实际电量，影响电池实际容量因素包括设计参数、制造工艺、环境温度和充放电电流等。在环境温度一定时，实际容量随放电电流的增大而降低。这是由于放电倍率越高，放电电流密度越大，电荷在极板上分布越不均匀，电荷优先分布在极板最外层表面上，从而在电极最外表面生成 $PbSO_4$，由于 $PbSO_4$ 体积较大，堵塞在多孔电极孔口上，电解液不能进入极板微孔内与活性物质发生反应，极板内的活性物质不能充分利用导致容量降低。在讨论容量时必须指明放电电流大小。铅酸电池最佳工作温度范围为 20~30℃，在此温度范围内，电池保持最佳工作状态。在允许温度范围内，电池实际容量随温度升高而增大，随温度降低减小。在工作温度较低时，电解液中离子的移动速度降低，化学反应减慢，难以达到额定容量。工作温度较高时，离子移动速度加快，化学反应加剧，一部分电能转化为热能使电解液温度进一步升高，容易损坏电池。因此，温度对电池的影响是不可忽略的。

与其他蓄电池相比，铅酸电池有如下优点：①电池电动势高，正负极电位差达 2V；②充放电时极化小；③内阻小，有利于离子传输及电池的快速充放电；④可制成小至 1Ah 大至几千安时的各种尺寸和结构的蓄电池；⑤放电电流密度大，可用于引擎启动，能以 3~5倍率甚至9~10 率倍放电；⑥工作温度范围宽，可在 -40~+55℃ 范围内正常工作；⑦工艺成熟，价格便宜，这是与其他电池相比最大的优势之一；⑧使用安全，很少会发生爆炸事故，且再生率高。

但铅酸电池也存在一些缺点，主要有：①比能量低。铅酸电池的理论值为 170Wh/kg，实际值只有 30~50Wh/kg。比能量低的主要原因是蓄电池的集流体、集流柱、电池槽和隔板等非活性部件增大了它的重量和体积。②循环寿命较短。虽然铅酸蓄电池循环寿命比镍镉电池和 MH—Ni 电池要高很多，但还是低于国际循环寿命指标值。影响铅酸蓄电池寿命的因素主要有热失控、环境温度、浮充电压、正极板栅的腐蚀、负极硫酸盐化、水损耗及超细玻璃纤维棉（AGM）隔板弹性疲劳等。③自放电。铅酸蓄电池的自放电比其他电池如锂离子电池严重得多。

三、 应用实例

传统铅酸蓄电池应用领域非常广泛，从行业角度来分，可以分为工业用电池（储能电池和通信后备电源电池）、汽车启动电池、牵引（动力）用电池三大类，除了这三大类外，还可以广泛用于紧急照明、电子设备、医疗设备等。自从超级铅酸蓄电池技术诞生以来，由于最大程度利用了传统的铅酸电池制造设备和生产工艺，因此其产业化进展速度很快。在市场推广方面，古河电池公司和 East Penn 公司等在日本和美国做了大量的应用验证工作。目前，超级蓄电池主要应用领域包括混合动力汽车、新能源发电并网以及智能电网。双极性铅蓄电池的结构特点是体积比能量、质量比能量相比传统铅酸电池要高，并且适合做成高压单体电池（可达200V），因此，在电动车、风光储能、UPS 电源等领域有较大的市场优势。表2-2 为国外主要的大型铅酸蓄电池系统一览表。

表2-2　　　　　　　　　　国外主要的大型铅酸蓄电池系统一览表

序号	铅酸电池系统名称和位置	额定功率/容量（MW/MWh）	功能	安装时间
1	BEWAG，柏林	8.5/8.5	热备用、频率控制	1986年
2	Crescent，北卡罗来纳州	0.5/0.5	峰值调节	1987年
3	Chino，加利福尼亚州	10/40	热备用、平衡负荷	1988年
4	PREPA，波多黎各	20/14	热备用，平率控制	1994年
5	Vernon，加利福尼亚州	3/4.5	提高电能质量	1995年
6	Metlakatla，阿拉斯加州	1/1.4	提高孤立电网稳定性	1997年
7	ESCAR，马德里	1/4	平衡负荷	20世纪90年代后期

由于铅酸电池的相对成熟电池技术及较低的投资成本，使其成为早期大规模电化学储能的主导技术。但是，铅酸电池的有限循环寿命在很大程度上提高了其单周储能价格，使其在实际储能价格上处于劣势，从而严重阻碍了铅酸电池的大规模储能应用。

第二节　锂离子电池

锂离子电池具有重量轻、储能容量大、功率大、无污染、寿命长、自放电系数小、温度适应范围广等优点，被认为是最具发展潜力的动力电池体系，成为目前世界上大多数汽车企业的首选目标和主攻方向。全球已有20余家主流企业进行车载锂离子动力电池研发，如富士重工、三洋电机、NEC、东芝、美国江森自控公司等。能源的大规模储存能力对于发展新能源至关重要，锂离子电池在大规模储能领域有着很好的应用前景。首先，可以解决电网用电的峰谷调节难题；其次，风能、太阳能、潮汐能等清洁能源都是间断性的能源，锂电储能设备配合上述清洁能源的使用，在发电时储能，在间断期间释放能量，能有效地缓解我国能源紧缺的现状。锂离子电池将是继镍镉、镍氢电池之后，相当长一段时间内市场前景最好，发展最快的一种二次电池。

一、锂离子电池储能原理

锂离子电池是在锂二次电池基础上发展起来的新一代高比能二次电池体系。它采用嵌锂碳材料为负极，过渡金属氧化物为正极，溶有锂盐的有机电解质溶液为电解液。通过锂离子在两极间的嵌入-脱出循环以贮存和释放电能。其电极反应式可表述为式（2-6）～式（2-8）：

正极：
$$LiMnO_2 \underset{\text{放电}}{\overset{\text{充电}}{\longleftrightarrow}} Li_{1-x}MnO_2 + xLi^+ + xe^- \tag{2-6}$$

负极：
$$nC_6 + xLi^+ + xe^- \underset{\text{放电}}{\overset{\text{充电}}{\longleftrightarrow}} Li_xC_6 \tag{2-7}$$

电池总反应：
$$LiMnO_2 + nC_6 \underset{\text{放电}}{\overset{\text{充电}}{\rightleftharpoons}} Li_{1-x}MnO_2 + Li_xC_6 \tag{2-8}$$

其工作原理如图 2-4 所示。

充电时，锂离子从过渡金属氧化物正极晶隙中脱出，进入电解液。同时，电解液中锂离子嵌入至负极碳层之中。放电时，锂离子从负极碳层中脱出，嵌入至正极材料结构之中。由于充放电过程中不涉及金属锂的沉积和析出，避免了锂枝晶的生长，使得锂离子电池在保持锂二次电池高电压、高比能量的同时，克服了锂二次电池安全性差、寿命短等问题。与其他二次电池体系相比，锂离子电池具有以下显著特点：

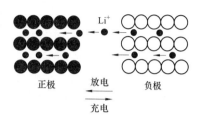

图 2-4 锂离子电池工作原理图

（1）电压高。锂离子电池的正常工作电压范围为 4.2～2.75V，平均工作电压可达 3.6V 以上，是镍镉和镍氢电池的 3 倍。以一当三，极适合于电池的小型化、轻量化。

（2）比能量高。目前商品化的锂离子电池的比能量已达到 14Wh/kg 及 300Wh/L 以上。高于其他二次电池体系，几种常用二次电池体系的体积和质量比能量如图 2-5 所示。随着新型高比能量正、负极材料的开发成功，锂离子电池比能量将会大幅提高。

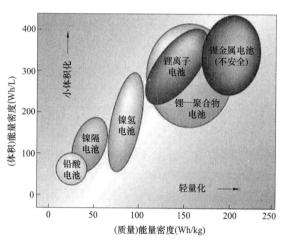

图 2-5 锂离子电池与其他几种
二次电池的能量密度对比

（3）循环寿命长：由于锂离子电池两极均采用嵌入化合物，原理上不存在单质锂，避免了金属锂的沉积析出带来的表面重现性差和枝晶等问题，因而循环寿命长，一般可达 1000 次以上。

（4）自放电小，其平均自放电率不超过 10%/月，仅为镍镉电池、镍氢电池的 1/3。

此外，锂离子电池还具有无记忆效应及与环境友好、比功率高等特点。锂离子电池的上述特点正是各种便携式电子产品、电动汽车、空间飞行器等应用所期求的技术目标。因此自 20 世纪 90 年代初问世以来，备受人们的关注，成为近十年化学电源研究、开发的热点。

目前制约大容量锂离子动力电池应用的最主要障碍是电池的安全性，即电池在滥用或非正常条件下，极易发生爆炸或燃烧等不安全行为。这些状态包括：异常充放电状态，如过充、过放和内外部短路等；机械条件滥用，如冲击、穿刺、震动、挤压等；异常受热状态，如高温等。通常，由外部引起的滥用比较容易避免，而由电池本身引起的热失控或化学反应则难以控制。其中，过充电是引发锂离子电池不安全行为的最危险因素之一。

近年来锂离子电池作为一种新型的高能蓄电池，它的研究和开发已取得重大进展，为

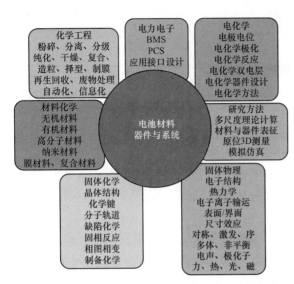

图 2-6　电池材料器件与系统直接相关的学科内容

了使锂离子电池能得到更好的应用，并且保证其安全性能，不同领域的科研工作者都投入到了这项充满挑战的工作当中。作为一个电化学储能器件，锂离子电池是固态电化学与非水有机电化学的研究对象。锂离子电池中涉及离子在固体电极、界面中的储存与输运，这是固体离子学的重要内容。锂离子电池中采用了金属、无机非金属、有机物、聚合物等多种材料，涉及材料化学、固体化学、化学工程等领域。锂离子电池采用固体电极，也有用到固体电解质，因此也是固体物理研究的对象。图 2-6 总结了锂离子电池研究的内容和涉及学科。

二、锂离子电池的分类

经过 20 多年的发展，市场上可见的锂离子电池种类、型号、规格众多，关于其分类方法，可以从很多角度进行，常规的分类方法如图 2-7 所示。

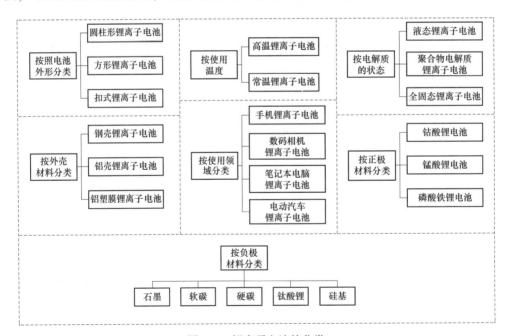

图 2-7　锂离子电池的分类

目前，业界对锂离子电池比较常见的分类方法还是按照电极材料，包括钴酸铁锂电池、锰酸锂电池、三元锂电池、钛酸锂电池等。

三、锂离子电池的结构及材料

锂离子电池的结构一般包括：负极、正极、隔膜板、电解质、正极引线、负极引线、绝缘材料（绝缘板）、中心端子、温度控制端子、保护阀（安全阀）和蓄电池外壳。图2-8是一种典型的锂离子电池结构示意图。

按照正负极材料的应用和发展，锂离子电池的研发大体可以分为三代，见表2-3。目前第三代电池在锂离子电池的全部市场中占比还较低，全部使用液态有机溶剂电解质。是否还存在第四代锂离子电池，目前尚不清楚。随着第三代锂离子电池的发展，电池充电电压的上限逐渐从4.25V开始提升。针对不同的正极材料，充电电压从4.35V一直提高到4.9V。针对4.9~5V电压工作的正负极材料、电解质、隔膜、黏结剂、导电添加剂、集流体都需要进一步的研发。

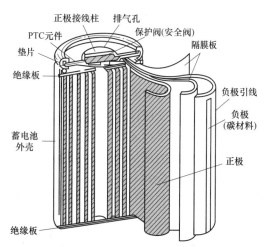

图2-8　典型锂离子电池的结构示意图

表2-3　　　　　　以正负极材料为区分标准的锂离子电池代际划分

代际	正极	负极	时间（年）
第一代	$LiCoO_2$	针状焦	1991—
第二代	$LiMn_2O_4$	天然石墨	1994—
	$LiNi_{1/3}Co_{1/3}Mn_{1/3}O_2$	人造石墨	
	$LiFePO_4$	钛酸锂	
第三代	高电压 $LiCoO_2$	软碳	2005—
	$LiNi_{x\geqslant0.5}Co_yMn_zO_2$	硬碳	
	$LiNi_{0.8}Co_{0.15}Al_{0.5}O_2$	SnCoC	
	$LiFe_{1-x}Mn_xPO_4$	SiO_x	
	$xLiMnO_3-Li（NiCoMn）O_2$	Nano-Si/C	
	$LiNi_{0.5}Mn_{1.5}O_4$	Si-M 合金	

（一）正极材料

在目前的锂离子电池体系中，整个电池的比容量受限于正极材料的容量。在电池的生产中，正极材料的成本占材料总成本的30%以上。因此，制备成本低、同时具有高能量密度的正极材料是目前锂离子电池研究与生产的重要目标。为了使锂离子电池具有较高的能量密度、功率密度，较好的循环性能及可靠的安全性能，对正极材料的选择应满足以下条件：①正极材料起到锂源的作用，它不仅要提供在可逆的充放电过程中往返于正负极之间的 Li^+，而且还要提供首次充放电过程中在负极表面形成 SEI 膜时所消耗的 Li^+；②提供较高的电极电位，这样电池输出电压才可能高；③整个电极过程中，电压平台稳定，以保证电极输出电位的平稳；④为使正极材料具有较高的能量密度，要求正极活性物质的电化当量小，并且能够可逆脱嵌的 Li^+ 量要大；⑤Li^+ 在材料中的化学扩散系数高，电极界面稳定，具有高功率密度，使锂电池可适用于较高的充放电倍率，满足动力型电源的需求；⑥充放电过程中结构稳定，可逆性好，保证电池的循环性能良好；⑦具有比较高的电子和离子电导率；⑧化学稳定性好，无毒，资源丰富，制备成本低。

但是，能全面满足上述要求的正极材料体系并不容易发现，也没有明确的理论可以指导正极材料的选择，锂离子电池的正极材料研究主要是在固体化学与固体物理的基础上，由个别研究者提出材料体系，然后经过长期的研究开发使材料逐渐获得应用。几个标志性的研究有：1981 年，Goodenough 等提出层状 $LiCoO_2$ 材料可以用作锂离子电池的正极材料。1983 年，Thackeray 等发现 $LiMnO_4$ 尖晶石是优良的正极材料，具有低价、稳定和优良的导电、导锂性能，其分解温度高，且氧化性远低于 $LiCoO_2$，即使出现短路、过充电，也能够避免燃烧、爆炸的危险。1991 年，Sony 公司率先解决了已有材料的集成技术，推出了最早的商业化锂离子电池，他们采用的体系是以无序非石墨化石油焦炭为负极，$LiCoO_2$ 为正极，$LiPF_6$ 溶于碳酸丙烯酯（PC）和乙烯碳酸酯（EC）为电解液，这种电池作为新一代的高效便携式储能设备进入市场后，在无线电通信、笔记本电脑等方面得到了广泛应用。$LiFePO_4$ 的研发开始于 1997 年 Goodenough 等的开创性的工作，由于 $LiFePO_4$ 具有较稳定的氧化状态、安全性能好、高温性能好、循环寿命长，同时又具有无毒、无污染、原材料来源广泛、价格便宜等优点，已开始应用于电动汽车和大容量储能电池。目前商业化使用的锂离子电池正极材料按结构主要分为三类：①六方层状晶体结构的 $LiCoO_2$；②立方尖晶石晶体结构的 $LiMn_2O_4$；③正交橄榄石晶体结构的 $LiFePO_4$。目前已经应用的锂离子电池正极材料容量—电压曲线如图 2-9 所示，Li^+ 扩散系数及理论容量等见表 2-4。

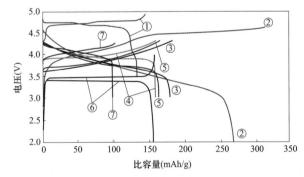

图 2-9　目前已经应用的锂离子电池正极材料容量与电压曲线

①——$LiNi_{0.5}Mn_{1.5}O_4$；②——Li_2MnO_3—$LiMO_2$；③——$LiNi_{0.8}Co_{0.15}Al_{0.05}O_2$；
④——$LiCoO_2$；⑤——NCM-111；⑥——$LiFePO_4$；⑦——$LiMn_2O_4$

表 2-4 常见锂离子电池正极材料及其性能

中文名称	磷酸铁锂	锰酸锂	钴酸锂	三元镍钴锰
化学式	$LiFePO_4$	$LiMn_2O_4$	$LiCoO_2$	$LiNi_{1/3}Co_{1/3}Mn_{1/3}O_2$
晶体结构	橄榄石结构	尖晶石	层状	层状
空间点群	Pmnb	Fd-3m	R-3m	R-3m
晶胞参数（Å）	$a=4.692$, $b=10.332$, $c=6.011$	$a=b=c=8.231$	$a=2.82$, $c=14.06$	—
锂离子表面扩散系数（cm^2/s）	1.8×10^{-16} ~ 2.2×10^{-14}	10^{-14} ~ 10^{-12}	10^{-12} ~ 10^{-11}	10^{-11} ~ 10^{-10}
理论密度（g/cm^3）	3.6	4.2	5.1	/
振实密度（g/cm^3）	0.80 ~ 1.10	2.2 ~ 2.4	2.8 ~ 3.0	2.6 ~ 2.8
压实密度（g/cm^3）	2.20 ~ 2.30	>3.0	3.6 ~ 4.2	>3.40
理论容量（mAh/g）	170	148	274	273 ~ 285
实际容量（mAh/g）	130 ~ 140	100 ~ 120	135 ~ 150	155 ~ 220
比能量（Wh/kg）	130 ~ 160	130 ~ 180	180 ~ 240	180 ~ 240
平均电压（V）	3.4	3.8	3.7	3.6
电压范围（V）	3.2 ~ 3.7	3.0 ~ 4.3	3.0 ~ 4.5	2.5 ~ 4.6
循环性（次）	2000 ~ 6000	500 ~ 2000	500 ~ 1000	800 ~ 2000
环保性	无毒	无毒	钴有放射性	镍、钴有毒
安全性能	好	良好	差	尚好
适用温度（℃）	-20 ~ 75	>50 快速衰退	-20 ~ 55	-20 ~ 55
价格（万元/t）	15 ~ 20	9 ~ 15	36 ~ 30	15.5 ~ 16.5
主要应用领域	电动汽车及大规模储能	电动工具、电动自行车、电动汽车及大规模储能	传统 3C 电子产品	电动工具、电动自行车、电动汽车及大规模储能

$LiCoO_2$ 是第一代商业化锂离子电池的正极材料，其晶体结构如图 2-10 所示。完全脱出 1mol Li 需要 $LiCoO_2$ 的理论容量为 274 mAh/g，在 2.5 ~ 4.25V *vs*. Li^+/Li 的电位范围内一般能够可逆地嵌入脱出 0.5 个 Li，对应理论容量为 138mAh/g，实际容量也与此数值相当。$LiCoO_2$ 具有加工性能好、材料结构稳定、循环性能好等特点，但是其实际最大可逆容量仅为理论比容量的一半，这种材料在高倍率充放电下比容量较低，且价格较昂贵，故只适用于手机、笔记本电脑等较低功率电子产品。目前世界范围内，2012 年 $LiCoO_2$ 产量较大的国际企业为日亚化学（Nichia Chemical）和优美科（Umicore），国内产量较大的企业包括天津巴莫科技股份有限公司、宁波杉杉股份有限公司、北京当升

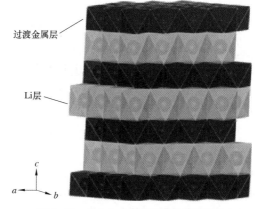

过渡金属层

Li层

图 2-10 $LiCoO_2$ 正极材料的晶体结构

材料科技股份有限公司等。

立方尖晶石结构的 $LiMn_2O_4$ 正极材料，是另外一个受到重视并且已经商业化的正极材料，其晶体结构如图 2-11 所示。$LiMn_2O_4$ 具有三维 Li 输运特性。该类电极材料具有低价、稳定和优良的导电、导锂性能，其分解温度高，且氧化性远低于 LiCoO2，即使出现短路、过充电，也能够避免燃烧、爆炸的危险。$LiMn_2O_4$ 材料最大的缺点是容量衰减较为严重，特别是在较高的温度下。为了改善 $LiMn_2O_4$ 的高温循环与储存性能，可以采用如下方法对其进行改性：使用其他金属离子部分替换 Mn（如 Li，Mg，Al，Ti，Cr，Ni，Co 等）；减小材料尺寸以减少颗粒表面与电解液的接触面积；对材料进行表面改性处理；使用与 $LiMn_2O_4$ 兼容性更好的电解液等。有研究表明在 $LiMn_2O_4$ 表面包覆 $LiAlO_2$，经热处理后，发现在尖晶石颗粒表面形成了 $LiMn_{2-x}Al_xO_4$ 的固溶体，对电极表面起到了保护作用，同时提高了晶体结构

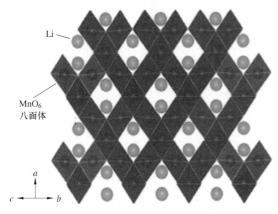

图 2-11　$LiMn_2O_4$ 正极材料的晶体结构

的稳定性，改善了 $LiMn_2O_4$ 的高温循环性能和储存性能，还提高了倍率性能。纳米单晶颗粒也是提高 $LiMn_2O_4$ 材料性能的手段，因为纳米单晶可以同时满足高电极材料密度和小尺寸的条件，在不降低电极密度的条件下提高其倍率性能。

$LiMn_2O_4$ 材料成本低、无污染、制备容易，适用于大功率低成本动力电池，可用于电动汽车、储能电站以及电动工具等方面。缺点是高温下循环性差，储存时容量衰减快。欧洲最大的电池储能电站使用锰酸锂技术存储电能，将在英国南部贝德福德郡的莱顿巴扎德启动。该项目由施恩禧电气欧洲公司、三星 SDI 公司和德国 Younicos 公司负责建造，造价

1870 万英镑，在 2016 年开始投入运营，建成后的容量为 6MW/10MWh，并将在用电高峰期供能，以满足电网需求。预计该项目可调整频率及负载转移，从而稳定电网。目前世界范围内，$LiMn_2O_4$ 产量最大的国际企业为日本户田工业（Toda），国内企业为湖南杉杉新材料有限公司。

1997 年，由 Goodenough 等提出橄榄石结构的磷酸铁锂材料（$LiFePO_4$）可以用作锂离子电池正极材料，其结构如图 2-12 所示。与 $LiMn_2O_4$ 和 $LiCoO_2$ 等之前的正极材料不同，$LiFePO_4$ 材料反应机理为两相反应（$LiFePO_4$/$FePO_4$），

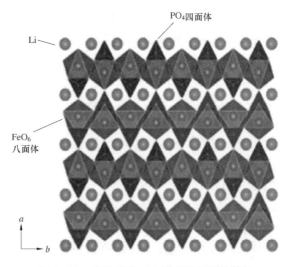

图 2-12　常见锂离子电池正极材料的结构

而非固溶体（Li_1-xCoO_2）类型反应。$LiFePO_4$ 的缺点在于其电子电导率比较差，在 $10^{-9}S/cm$ 量级，被认为是小极化子传导机制，Li^+ 的活化能约 $0.3 \sim 0.5eV$，表观扩散系数约 $10^{-10} \sim 10^{-15} cm^2/s$，导致材料的倍率性能差。为提高其倍率性能，Armand 等提出碳包覆的方法显著提高了 $LiFePO_4$ 的电化学活性，Takahash 等和 Yamada 等把材料纳米化，缩短扩散路径。随后科研工作者发现掺杂提高电子电导率是优化其电化学性能的重要方法。

$LiFePO_4$ 材料主要金属元素是 Fe，因此在成本和环保方面有着很大的优势。$LiFePO_4$ 材料循环寿命可达 2000 次以上，快速充放电寿命也可达到 1000 次以上。与其他正极材料相比，$LiFePO_4$ 具有更长循环寿命、更高稳定性、更安全可靠、更环保且价格低廉、更好的充放电倍率性能。磷酸铁锂电池已被大规模应用于电动汽车、规模储能、备用电源等。

目前，正极材料的主要发展思路是在 $LiCoO_2$、$LiMn_2O_4$、$LiFePO_4$ 等材料的基础上，发展相关的各类衍生材料，通过掺杂、包覆、调整微观结构、控制材料形貌、尺寸分布、比表面积、杂质含量等技术手段来综合提高其比容量、倍率、循环性、压实密度、电化学、化学及热稳定性。一些正极材料目前还没有广泛的应用，但被认为是有希望的下一代锂离子电池正极材料，如 $LiNi_{0.5}Mn_{1.5}O_4$ 和富锂相等。研究锂离子电池正极材料，最迫切的仍然是提高能量密度，其关键是提高正极材料的容量或者电压。目前的研究现状是这两者都要求电解质及相关辅助材料能够在宽电位范围工作，同时能量密度的提高意味着安全性问题将更加突出，因此下一代高能量密度锂离子电池正极材料的发展还取决于高电压电解质技术的进步。

（二）负极材料

与正极材料一样，负极材料在锂离子电池的发展中也起着关键的作用。近年来，为了使锂离子电池具有较高的能量密度、功率密度，较好的循环性能以及可靠的安全性能，负极材料作为锂离子电池的关键组成部分受到了广泛地关注。对负极材料的选择应满足以下条件：①嵌脱 Li 反应具有低的氧化还原电位，以满足锂离子电池具有较高的输出电压；②Li 嵌入脱出的过程中，电极电位变化较小，这样有利于电池获得稳定的工作电压；③可逆容量大，以满足锂离子电池具有高的能量密度；④脱嵌 Li 过程中结构稳定性好，以使电池具有较高的循环寿命；⑤嵌 Li 电位如果在 1.2V $vs.$ Li+/Li 以下，负极表面应能生成致密稳定的固体电解质膜（SEI），从而防止电解质在负极表面持续还原，不可逆消耗来自正极的 Li；⑥具有比较低的 e 和 Li^+ 的输运阻抗，以获得较高的充放电倍率和低温充放电性能；⑦充放电后材料的化学稳定性好，以提高电池的安全性、循环性，降低自放电率；⑧环境友好，制造过程及电池废弃的过程不对环境造成严重污染和毒害；⑨制备工艺简单，易于规模化，制造和使用成本低；⑩资源丰富。

目前，商业化广泛使用的锂离子电池负极材料主要分为以下两类：①六方或菱形层状结构的人造石墨和天然改性石墨；②立方尖晶石结构的 $Li_4Ti_5O_{12}$。它们的晶体结构如图 2-13 所示，结构参数、Li 扩散系数及理论容量等见表 2-5。除了上述两种应用较为广泛的负极材料以外，还有一些小批量应用的负极材料，如硬碳、软碳类负极材料，高容量硅负极材料，合金类负极材料，层状 $LiVO_2$ 负极材料，过渡金属氧化物负极材料等。随着锂离子电池负极材料朝高功率密度（如含孔石墨、软碳、硬碳、钛酸锂）、高能量密度、高循环性能和低成本的方向发展。高容量的合金类负极（如硅负极材料）将会在下一代锂离子电池中逐渐获得应用。

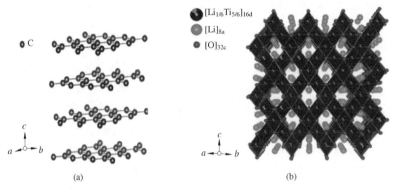

图 2-13 商业化广泛使用的锂离子电池负极材料的结构

（a）石墨；（b）$Li_4Ti_5O_{12}$

表 2-5   商业化离子电池负极材料及其性能

中文名称	石墨	钛酸锂
化学式	C	$Li_4Ti_5O_{12}$
晶体结构	层状	尖晶石
空间点群	P63/mmc（或 R3m）	Fd-3m
晶胞参数（Å）	$a=b=2.461$，$c=6.708$	$a=b=c=8.359$
表面扩散系数（cm^2/s）	$10^{-10} \sim 10^{-11}$	$10^{-8} \sim 10^{-9}$
理论密度（g/cm^3）	2.25	3.5
振实密度（g/cm^3）	1.2~1.4	1.1~1.6
压实密度（g/cm^3）	1.5~1.8	1.7~3.0
理论容量（mAh/g）	372	175
实际容量（mAh/g）	290~360	≈165
电压 vs. Li/Li$^+$(V)	0.01~0.2	1.4~1.6
体积变化（%）	12	1
电压范围（V）	3.2~3.7	3.0~4.3
完全嵌锂化合物	LiC_6	$Li_7Ti_5O_{12}$
循环性（次）	500~3000	10 000（10C，90%）
环保性	无毒	无毒
安全性能	好	很好
适用温度（℃）	-20~55	-20~55
价格（万元/t）	3~14	14~16
主要应用领域	便携式电子产品、动力电池、大规模储能	动力电池、大规模储能

（三）电解液

电解质是锂离子电池的重要组成部分，起着在正负极之间传输 Li$^+$ 的作用。因此，电解质的研究与开发对锂离子电池来说至关重要，然而综合性能优异、满足不同应用的电解液并不容易开发。液体电解质材料一般应当具备如下特性：①电导率高，要求电解液黏度低，锂盐溶解度和电离度高；②Li^+导电迁移数高；③稳定性高，要求电解液具备高的闪点、高的分解温度、低的电极反应活性，搁置无副反应、时间长等；④界面稳定，具备较好的正负极材料表面成膜特性，能在前几周充放电过程中形成稳定的低阻抗固体电解质中间相（solid electrolyte interphase，SEI）；⑤宽的电化学窗口，能够使电极表面钝化，从而在较宽的电压范围内工作；⑥工作温度范围宽；⑦与正负极材料的浸润性好；⑧不易燃烧；⑨环境友好，无毒或毒性小；⑩较低的成本。

锂离子电池液体电解质一般由非水有机溶剂和电解质锂盐两部分组成。由于单一的溶剂很难满足电解质的各项性能要求，所以溶剂主要是几种性质不同的有机溶剂的混合，常用的溶剂包括丙烯碳酸酯（PC）、乙烯碳酸酯（EC）、二甲基碳酸酯（DMC）、醚类溶剂等。而对于混合盐的使用则相对较少，主要是混合盐的性能优势尚没有被证明，常用的锂盐包括六氟磷酸锂（$LiPF_6$）、四氟硼酸锂（$LiBF_4$）、高氯酸锂（$LiClO_4$）、六氟砷酸锂（$LiAsF_6$）、三氟甲基磺酸锂（$LiCF3SO_3$）、双（三氟甲基磺酰）亚胺锂（LiTFSI）、双氟磺酰亚胺锂（LiFSI）、双草酸硼酸锂（LiBOB）等。此外，商品的锂离子电池可能包含10种以上的添加剂，这些添加剂的特点是用量少但是能显著改善电解液某一方面的性能。它们的作用一般分为提高电解液的电导率，提高电池的循环效率，增大电池的可逆容量，改善电极的成膜性能等。

（四）隔膜

隔膜是锂离子电池的关键材料之一。隔膜的主要功能是隔离正负极并阻止电子穿过，同时能允许离子通过，从而完成在充放电过程中锂离子在正负极之间的快速传输。隔膜性能的优劣直接影响着电池内阻、放电容量、循环使用寿命及电池安全性能的好坏。隔膜越薄、孔隙率越高，电池的内阻越小，高倍率放电性能就越好。图2-14为锂离子电池的隔膜作用示意图。

锂离子电池隔膜是一种多孔型塑料薄膜，包括织造膜、非织造膜（无纺布）、微孔膜、碾压膜等几类。由于聚烯烃材料具有优异的力学性能、化学稳定性和相对廉价的特点，目前商品化的锂电池隔膜主要是聚烯烃微孔膜，包括聚乙烯（PE）单层膜、聚丙烯（PP）单层膜及PP/PE/PP三层复合膜。隔膜生产的难点在于造孔的工程技术和基体材料，其中造孔的工程技术包括隔膜造孔工艺、生产设备及产品稳定性；基体材料包括聚丙烯、聚乙烯材料和添加剂。聚烯烃隔膜生产工艺分为干法和湿法两大类，其中干法又分为单向拉伸工艺和双

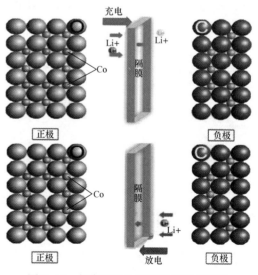

图2-14 锂离子电池的隔膜作用示意图

向拉伸工艺。干法单向拉伸工艺是在低温下将薄膜进行拉伸形成微缺陷，然后在高温下使缺陷拉开，形成微孔。由于是单向拉伸，其微孔结构呈扁长型，横向强度比较差，但优点是横向几乎没有热收缩。美国 Celgard 公司拥有此工艺的专利，之后日本宇部公司购买了其专利使用权，采用此法生产单层 PP、PE 及三层 PP/PE/PP 复合膜。图 2-15 为隔膜扫描电镜图。

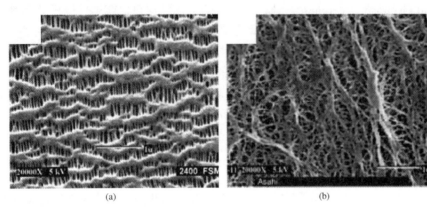

图 2-15　隔膜扫描电镜图
(a) Celgard 干法单向拉伸 PP 隔膜；(b) 湿法双向拉伸 PE 隔膜

隔膜的微孔结构对电池安全性能至关重要，当电池在过度充电或温度过高的情况下，隔膜会关闭孔隙，在电池内部形成断路，限制电流升高，防止温度进一步升高。隔膜的闭孔温度与其使用的基材有关，PP 隔膜的闭孔温度较高，同时熔断温度也很高；PE 隔膜的闭孔温度和熔断温度都较低。熔断温度是指在某一温度或以上，隔膜完全融化收缩，电极内部短路产生高温，造成电池解体甚至爆炸。因此，锂离子电池的安全性通常要求具有较低的闭孔温度和较高的熔断温度。多层复合膜的应用结合了两者的优点，PE 在两层 PP 之间可以起到熔断熔丝的作用。目前，也有通过对隔膜表面涂覆陶瓷材料的新技术来提高隔膜的耐高温性能的。由于隔膜基材 PE、PP 材料对电解质的亲和性较差，为了对电解液有更好的浸润效果，微孔膜的表面通常还需要进行改性处理，如涂覆掺有纳米二氧化硅的聚氧乙烯、涂覆 PVDF 改性膜等。近年来也有一些隔膜材料的新发展，如中科院理化技术研究所研发的以静电纺丝为主的高孔隙率纳米纤维隔膜；德国德固赛公司生产的在纤维素无纺布上复合氧化铝或其他无机物的 Separion 隔膜；美国杜邦公司的聚酰亚胺（PI）纳米纤维隔膜等。

四、应用实例

电网储能是锂离子电池具备广阔发展前景的一个新市场，被称为锂离子电池应用的"新蓝海"，一些领先的锂离子电池企业已经把目光瞄准了这个市场。由于锂离子电池在价格上较其他储能手段明显要高，且在大规模系统集成技术等方面还不是很成熟，因此目前还只是在试应用中，通过不断地试验来发现问题并解决问题。图 2-16 为锂离子电池在电力系统中应用的示意图。

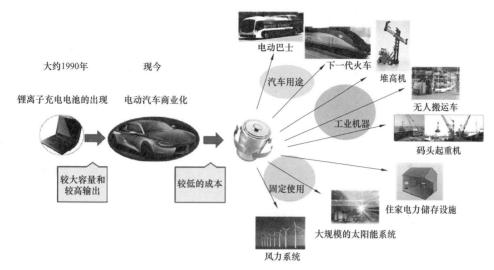

图 2-16 锂离子电池在电力系统中应用的示意图

目前锂离子电池是新能源汽车电池的主流电池，因此，锂离子电池材料也就成为影响汽车电池性能的关键因素。根据中国有色金属工业协会锂业分会统计，2015 年年初电池级碳酸锂价格为 4.3 万元/t，经过几轮大幅调整后，2015 年年底市场报价已经上调至 12.3 万元/t，上涨近 3 倍。除市场需求旺盛以外，价格上涨还依赖于市场上电池级碳酸锂的总供应量有限，以及资本市场的高度关注，这些因素无疑都给锂的疯狂之路添加了动力。锂离子电池材料一跃成为了推动新能源汽车发展的最有利因素。20 年来，锂离子电池始终保持着高速发展的态势。从 2009 年至今，我国相关部委陆续发布多项与新能源汽车相关的支持政策，鼓励新能源汽车发展，也极大地推动了锂离子电池在新能源汽车方面的应用。据相关机构统计，我国新能源汽车的销售量已经超过 25 万辆。同时，随着近年来穿戴式和智能家电的发展和普及，锂离子电池将更为被广泛应用。图 2-17 为锂离子电池在新能源汽车中的应用示意图。表 2-6 为国际上各大车企生产的新能源汽车使用锂离子电池的情况。

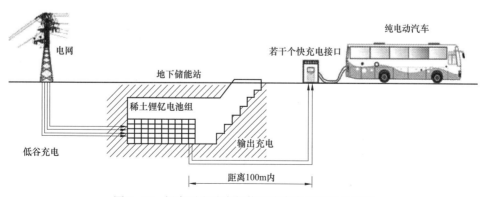

图 2-17 锂离子电池在新能源汽车中的应用示意图

表 2-6　　　　　国际上各大车企生产的新能源汽车使用锂离子电池的情况

车企	特斯拉	宝马	通用	丰田	日产	比亚迪
车名	Model S	I3	雪佛兰 Volt	Prius 锂电版	Leaf	E6
电动车量种类	纯电动	纯电动	增程式混动	混动	纯电动	纯电动
电池供应商	松下	三星 SDI	LG	松下	自主研发	自主研发
电池配备容量（kWh）	40，60，85	22	16	4.4	24	60
能量密度（Wh/kg）	170	130	81	30～80	140	100
续航（km）	>400	257	80（电动）	24（电动）	175	300
正极材料	NCA（镍钴铝离）	改性锰酸锂	锰酸锂	镍钴锰酸锂	锰酸锂	磷酸铁锂
碳酸锂当量需求估算（kg）	50～60	34.59	40.38	11～30	35.04	140.51

第三节　液　流　电　池

液流电池是一种化学能和电能相互转换的储能装置。自 1974 年 Thaller 提出氧化还原（Redox Flow Cell）的概念以来，深受能源研究领域的重视，其结构如图 2-18 所示。和其他储能装置相比液流电池有如下优势：

（1）独特的模块化设计，可以实现大规模储能，功率和能量能分别达百万瓦特（MW）和百万瓦特时（MWh），也可实施家用供电千瓦时（kWh）。储能规模取决于电活性物质量的多少和膜堆的设计。

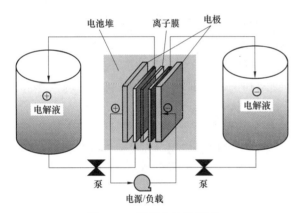

图 2-18　液流电池示意图

（2）无地域限制，设计灵活。液流电池的电解液和电活性物质存储方便，无地域性限制。它的功率和能量不是耦合的，系统的能量由电解液的量决定，系统的功率由膜堆大小决定。

（3）服务寿命长。在液流电池系统中，电极仅仅起到提供氧化还原电对发生电化学反应的场所。因此，在循环中，电极这种简单的工作机理避免了其物理化学的变化。与此相反，对于传统的固体类电池电极反应比较复杂如相的变化、晶体结构的变化、电极形貌的改变等。那么从液流电池的电极和电化学反应的以上特点来看，其寿命长也是理所当然的。

（4）清洁安全，响应快。液流电池发生电化学反应的物质大都是溶在水中，并且是独立分开存储，这意味着它是一种相对清洁安全的储能系统。除此之外，阴阳极电解液都是通过泵循环通过电极，在循环中将电化学反应的热量分散，保障电池实施的安全，并有效解决了其他传统电池热能无法分散的问题。液流电池的液体电解质和能溶解的氧化还原电对都非常容易与电极亲密接触，体现其快速响应这一大优势（次秒级的响应速度）。

　　基于液流电池以上诸多优点，国内外研究者对液流电池的研究兴趣日益剧增，液流电池种类也多种多样（以氧化还原电对种类不同来分）。最初的研究者对 Fe-Cr 等氧化还原电对进行了研究，电池正极为 Fe(Ⅱ)/Fe(Ⅲ) 电对，负极为 Cr(Ⅱ)/Cr(Ⅲ) 电对，但是，由于 Cr 半电池的可逆性差难以实用化。随后相继出现的全钒氧化还原液流电池，溴化钠/多硫化钠体系氧化还原液流电池，Zn/Br_2 氧化还原液流电池等。而全钒氧化还原液流电池（VRB）基于其独特的优势从中脱颖而出。首先，VRB 仅用了钒一种元素形成的四种不同价态的钒离子作为氧化还原电对。这样就很巧妙地解决了电解质渗漏引起的电解质污染，如若有非阳极电解液的钒离子透过离子交换膜进入阳极电解槽时，它会在充放电过程中自身得失电子生成阳极电解液。其次，我国钒资源比较丰富，这无疑对全钒液流电池做大规模储能装置提供了丰富的物质保障。此外，VRB 电池还具有耐大电流充放电、能实现瞬间充电、可深度放电、寿命长、电解液可重复使用、容量易于调整、环境友好等优点，不仅可用在边远地区贮能系统、电动车能源、应急电源系统和电站调峰系统等领域，还可与太阳能、风能、潮汐能等可再生能源系统集成以便充分利用这些新能源，因此 VRB 在大规模储能领域具有广阔的前景，引起了国内外许多研究团体的高度关注，成为能源领域的研究热点。

一、液流电池储能原理

　　钒是一种过渡元素，原子序数为 23，位于元素周期表中 d 区第四周期第 V 副族，价电子结构为 $3d^34S^2$，因而可以形成 V(Ⅱ)、V(Ⅲ)、V(Ⅳ) 和 V(Ⅴ) 四种价态。VRB 正是利用 V(Ⅱ)/V(Ⅲ) 和 V(Ⅳ)/V(Ⅴ) 两对氧化还原电对分别作为负极和正极组成的二次充电电池。经过多年的研发，VRB 技术已经趋近成熟。VRB 将存储在电解液中的化学能转化为电能，这是通过被隔膜隔开的钒离子之间交换电子来实现的。由于这个电化学反应可逆，所以 VRB 可以进行多次充放电。充放电时随着两种钒离子浓度的变化，电能和化学能相互转换。图 2-19 为 VRB 充放电示意图。

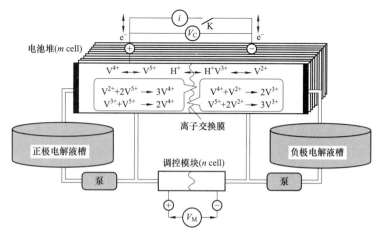

图 2-19　VRB 充放电示意图

VRB 由两个电解液池和一层层的电池单元组成，电池反应和交叉放电分别见式（2-9）~
式（2-15）：

正　极：
$$VO^{2+}+H_2O \xrightleftharpoons[\text{放电}]{\text{充电}} VO_2^{+}+2H^{+}+e^{-} \tag{2-9}$$

负　极：
$$V^{3+}+e^{-} \xrightleftharpoons[\text{放电}]{\text{充电}} V^{2+} \tag{2-10}$$

总反应：
$$VO^{2+}+H_2O+V^{3+} \xrightleftharpoons[\text{放电}]{\text{充电}} VO_2^{+}+2H^{+}+V^{2+} \tag{2-11}$$

正极交叉放电：
$$V^{2+}+2VO_2^{+}+2H^{+} \xrightleftharpoons[\text{放电}]{\text{充电}} 3VO^{2+}+H_2O \tag{2-12}$$

$$V^{3+}+VO_2^{+} \xrightleftharpoons[\text{放电}]{\text{充电}} 2VO^{2+} \tag{2-13}$$

负极交叉放电：
$$VO^{2+}+V^{2+}+2H^{+} \xrightleftharpoons[\text{放电}]{\text{充电}} 2V^{3+}+H_2O \tag{2-14}$$

$$VO_2^{+}+2V^{2+}+4H^{+} \xrightleftharpoons[\text{放电}]{\text{充电}} 3V^{3+}+2H_2O \tag{2-15}$$

每个电池单元由两个"半单元"组成，在"半单元"中分别盛放着不同价态的钒电解液。当带电的电解液在电池单元中流动时，电子就流动到外部电路，这就是放电过程。当外部将电子输送到电池内部时，相反的过程就发生了，这就是给电池单元中的电解液充电，然后再由泵输送回电解液池。在 VRB 中，电解液在多个电池单元间流动，电压是各单元电压串联形成的。电流密度由电池单元内电流收集极的表面积决定，但是电流的供应取决于电解液在电池单元间的流动，而不是电池层本身。VRB 电池技术的一个最重要的特点是：峰值功率取决于电池层总表面积，而电池的电量则取决于电解液的多少。VRB 电池的电极和电解液不一定必须放到一块，这就意味着能量的存放可以不受电池外壳的限制。从电力上来讲，不同等级的能量可以为电池层中不同的电池单元提供足够的电解液来得到。VRB 电池把能量储存在 V（Ⅳ）/V（Ⅴ）硫酸溶液和 V（Ⅱ）/V（Ⅲ）硫酸溶液中。在离心泵机械传动下，储液罐中的电解液被压入电池堆体内，同时在两极发生电化学反应，接着电解液又再次回到储液槽中，按照此种方式进行循环流动以完成化学能与电能的相互转换。

电对 VO^{2+}/VO_2^{+} 和 V^{2+}/V^{3+} 分别作为 VRB 电池充放电时正负极电极反应的活性物质，其充电过程如下：正极上 VO^{2+} 失去电子变成 VO_2^{+}；负极上 V^{3+} 得到电子变成 V^{2+}。放电过程则刚好相反：VO_2^{+} 在正极表面得到电子变成 VO^{2+}；V^{2+} 在负极表面失去电子变成 V^{3+}。左右两个电解槽用离子膜隔开，离子膜只允许 H^{+} 通过，H^{+} 也就起到了正极室与负极室的导电的作用。另外，由于受电池充放电状态及不同浓度电解液的影响，电解液中的五价钒离子会以不同形态存在，而会影响电池正极电对的标准电极电位，所以实际使用时此电池的开路电压一般在 1.5V 左右。VRB 电池正负极均采用钒离子作为活性物质，从而避免了像铁铬液流电池那样的电解液交叉污染现象，同时充电状态连续可测。如有需要，当有外部负载的时候它还可以用某种电压充电，而以另一种电压放电。同时，在充放电过程中，正负极间存在透过离子传导膜的交叉放电。

二、液流电池的结构及材料

　　钒液流电池的结构主要由隔膜、液流框、电极、集流体（双集板）、端板、泵以及储液罐组成，单电池通过串联和并联的方式组装不同功率的电池堆。其中，电解液、电极材料和隔膜是 VRB 的核心构件，也直接决定其充放电和储能特性。图 2-20 为全钒液流电池的典型结构及电池堆的典型结构示意图。

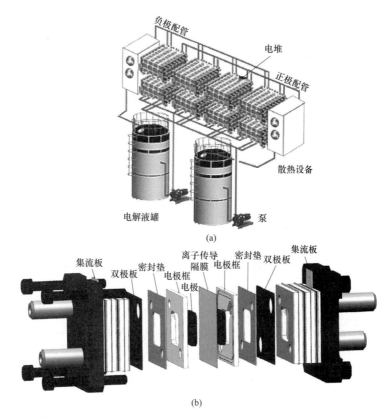

图 2-20　全钒液流电池的典型结构及电池堆的典型结构示意图
（a）全钒液流电池典型结构；（b）电池堆的典型结构

（一）电解液

　　钒电池用钒电解液是钒电池中起电化学反应的活性物质，电解液要求有较高的稳定性、较高的电导率。与现有的其他电池体系相比，全钒液流电池的不同之处就在于，其电活性物质在电池的充放电过程中以溶解在电解液中的离子形式存在，正负极活性电解液分别储存在两个储液罐中，在运行过程中通过泵的推动作用电解液分别从正极半电池和负极半电池流过。可以实现容量和功率分别控制，其中，电池的容量可以通过调节电解液的浓度和储液罐的体积来调节，而电池的功率则由电堆的尺寸来决定。因此，VRB 电池的比能量取决于电解液的浓度，电解液浓度越高，电池的比能量就越高，但高浓度电解液会引起一系列缔合、水解、沉淀等问题。

电解液的制备是提高全钒液流电池性能的关键，目前，制备方法主要有以下三种：

（1）物理溶解法。

该方法直接将高纯 $VOSO_4$ 固体溶于 H_2SO_4 制备电解液。但是高纯 $VOSO4$ 的生产工艺复杂，价格昂贵，且制备的电解浓度一般小于 2mol/L，难以大规模地生产制备电解液。因此人们开始寻求其他的方法。

（2）化学还原法。

该方法利用还原剂和高价的钒氧化物或钒酸盐发生氧化还原反应来制备电解液。化学还原法操作简单，反应速率快，制备时间短，常见的还原剂有单质硫、亚硫酸、有机羧酸或醇等，在高温下，将 V_2O_5 还原为四价或三价的钒电解液。但由于固体难于溶解，且还原剂或钒氧化物不能完全反应，制备的电解液价态不纯及电化学活性低，在电池充放电时不能有效的利用钒离子来储能，导致电池的容量密度和能量密度有所下降。

（3）电解法。

该方法是一种应用广泛和适合于规模化生产的方法。其原理为：电解槽由隔膜分成阴极和阳极电解槽。在阴极电解槽加入 V_2O_5 和 H_2SO_4 混合溶液，阳极电解槽则加入相应体积和浓度的 H_2SO_4 溶液。然后通过恒流装置通入直流电流，在阴极电解槽中高价钒化合物发生还原反应，同时产生的 V（Ⅱ）和 V（Ⅲ）离子也可将溶于溶液中少量五价钒离子还原，从而加快 V_2O_5 的溶解；在阳极槽中，水被氧化分解成氧气。在电解槽中阳极和阴极发生的反应分别见式（2-16）和式（2-17）：

阳极：$\qquad\qquad\qquad 2H_2O \longrightarrow O_2+4H^++2e^-$ （2-16）

阴极：$\qquad\qquad\qquad VO_2^++2H^++e^- \longrightarrow VO^{2+}+H_2O$ （2-17）

与化学还原法相比，电解法的操作更加简单，适合于大规模生产，有利于实现全钒液流电池的规模应用。电解法制备的电解液电化学活性高，杂质离子含量少，对电池运行的负面影响很小。而且通过电解法可以制得的电解液，钒离子浓度达 5.0mol/L，从而大幅度地提高了全钒液流电池能量密度。因此，电解法是一种规模化制备高钒离子浓度电解液的途径。

由于高浓度的 V（V）电解液在高温下容易产生沉淀和高浓度的 V（Ⅱ）、V（Ⅲ）、V（Ⅳ）电解液在低温下容易结晶。因此，需要对电解液的稳定性进行优化。主要的优化方法有添加添加剂和改变支持电解质两种方法。有文献报道，提高硫酸浓度，当 V（V）浓度达到 3mol/L 以上时，V（V）在 50~60℃ 温度下经过很长一段时间后也没有沉淀出现。但溶液酸度过高会加强对电池外壳及隔膜的腐蚀。在溶液中加入添加剂（如 EDTA、吡啶、明胶等）是又一种方法。总之，溶液浓度适当提高和寻求适当的添加剂是钒电池溶液的重要研究方向。

目前已经有大量的工作研究了在电解液中加入添加剂，添加剂分为无机和有机两种添加剂。在电解液中添加一定量的添加剂可以提高钒在硫酸中的溶解度和钒硫酸溶液的稳定性。但添加量大于 3% 后，不利于钒的溶解。向电解液中加入适量添加剂来提高电解液的浓度和稳定性，这也是钒电池电解液的重要研究方向。图 2-21 是全钒液流电池的电解液灌。

图 2-21　全钒液流电池的电解液灌

（二）电极材料

电极材料，是全钒液流电池的不可或缺的部分，是活性物质发生电化学反应的场所，故对电极材料的要求是很高的。理想化的电极材料需满足以下几个特点：

（1）它和电解质的电化学活性要高，有利于氧化还原反应在电极上顺利进行；

（2）电极本身不能参与反应，由于电解液具有强酸性和强氧化性，电极材料必须具有优良的抗强氧化性和抗腐蚀性；

（3）导电率要大，电极本身损失的电压降尽可能小；

（4）电解液的穿透率小，硬度和铺性适中；

（5）由于需求量大，要求电极材料成本较低，制备简单。

电极材料主要分为金属电极、碳素电极和复合电极三种。

金属电极主要包括 Au、Pt、Pd、Ti、Pb 等金属，其优点是导电性好、抗腐蚀性强、机械性强。缺点是易钝化、价格昂贵、电化学可逆性差。因此，单一的用某种金属是无法满足电极的需要的。采用电键或化学镀技术，将金属铂均匀地渡在 Ti 的表面后制成电极，此电极的电化学性能很好，可逆性大大地得到改善。又如，将氧化铱均匀地渡在 Ti 的表面后，其各项电化学参数都有明显的提高。但是，贵金属价格昂贵，即使电化学性能都已达标，也难以满足工业化和产业化的要求。

碳素电极主要包括石墨、玻碳、石墨毡等。玻碳电极对电极反应具有不可逆性；石墨电极容易发生刻蚀现象，后来改用石墨棒与石墨板作为电极材料，其可逆性相对较好，但随着充放电次数的增加，作正极的石墨材料逐渐变成颗粒状而缓慢变形。同时，用碳纤维、碳布做电池为液流电池的正极材料时，稳定性也并没有得到改善。中科院大连化物所张华民、李先锋研究员领导的研究团队通过结构设计开发出高度有序的介孔碳正极材料，并将其应用于锌溴液流电池。该电极材料不仅为 Br_2/Br^- 的反应提供了更多的活性位点，提高了其反应动力学速率，还高度有序的孔结构可以有效地降低溴的扩散阻力。用其组装的单电池在 $80mA/cm^2$ 的电流密度下运行，能量效率达 80% 以上。石墨毡电极电化学活性较好、耐腐蚀、真实表面积大、拥有良好的导电性和机械强度，广泛地应用于电池。由于石墨毡表面润湿性差和活性位点少。因此，在使用石墨毡之前需要对其进行前期的表面处理。处理的方法主要有金属离子修饰和氧化处理两种方法。采用高温处理和强氧化剂等方法对石墨毡进行改性，不但可以大大地增加石墨毡的表面的含氧官能基团，还可以增加电极本身导电率，同时，还能促进电极和电解液的固液界面的反应。图 2-22 为石墨毡电极实物图，图 2-23 为采用不同热处理工艺处理后的石墨毡电极表面形貌 SEM 照片。

图 2-22　石墨毡电极实物图

图 2-23　采用不同热处理工艺处理后的石墨毡电极表面形貌 SEM 照片

复合电极将是碳素材料与高分子基体相互混合而制成，具有优良的电化学性能和应用前景。黄可龙等制备了炭黑—石墨复合电极和石墨—碳纳米管复合电极，测试表明具有良好的电化学性能。

（三）隔膜

电池隔膜是轨电池的关键材料之一理想的隔膜应对 H^+ 具有选择透过性强，但对电解液中不同价态的钒离子透过率低（以减少电池自放电，提高电池电流效率）、电阻低（具有良好导电性，以减小电池欧姆电压降）、性能稳定（以提高循环寿命）。

目前，液流电池隔膜的研究主要集中于含氟膜和非含氟膜。全氟磺酸膜是最常用的含氟膜，但其合成步骤繁琐，价格昂贵，且钒离子渗透率和透水率较高通过全氟乙烯接枝可适当提高其性能。非含氟膜上，如磺化聚芳醚酮，其钒离子透过率较低，故组成的电池可实现较高的库伦效率和能量效率。

三、应用实例

液流电池已有全钒、钒溴、多硫化钠/溴等多个体系，液流电池电化学极化小，其中全钒液流电池具有能量效率高、蓄电容量大、能够 100% 深度放电、可实现快速充放电、寿命长等优点，已经实现商业化运作。液流电池的主要应用场景是大型储能系统，包括以下几个方面：①风力发电，风机的离网发电所需蓄电池完全可以由液流电池代替。②光伏发电储能及各种供电设备，将大型的钒电池与光伏太阳能电池组合应用，实现有效地能源转化和存储。③电动汽车，因其充电能力强，可深度放电，且更换方便快捷，有望成为电动汽车的供能设备。不过，鉴于锂离子电池的成熟体系，钒电池要有所作为还是有难度。④通信基站。通信基站和通信机房需要蓄电池作为后备电源，且时间通常不能少于 10h。⑤电网调峰。目前电网调峰的主要手段是抽水蓄能电站，由于抽水蓄能电站受地理条件限制，维护成本高，而钒电池储能电站选址自由，维护成本低。图 2-24 为全钒液流电池在电力系统中的应用模式示意图。图 2-25 为 5MW/10MWh 全钒液流电池系统平面布置示意图。

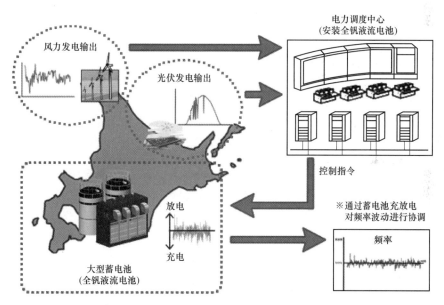

图 2-24　全钒液流电池在电力系统中的应用模式示意图

在日本运营的容量为 4MW 的全钒液流电池为当地 32MW 的风电场提供储能，并已运行 27 万次循环，世界上还没有任何其他储能技术能够实现这一要求。20 世纪 90 年代初开始，英国 Innogy 公司即成功开发出系列多硫化钠/溴液流储能电堆，并建造了储能电站，用于电站调峰和 UPS。近十多年来，欧美日将与风能/光伏发电相配套的全钒液流电池储能系统用于电站调峰，以全钒液流电池为代表的液流电池在国外已经迈入产业化初期。国内也做了一定的技术储备，中科院电工所已经完成 100kW 级全钒液流电池

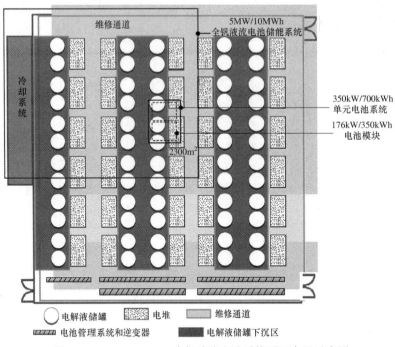

图 2-25　5MW/10MWh 全钒液流电池系统平面布置示意图

系统部件研制与系统集成等关键技术，拟进行示范工程实施；北京普能通过收购加拿大 VRB Power 公司成功获得了国际领先的全钒液流电池产业化技术，目前正在国内建设规模化生产。表 2-7 列出了全钒液流电池示范应用工程。图 2-26 为液流电池系统的外部和内部结构图。

表 2-7　　　　　　　　　全钒液流电池示范应用工程

序号	地点	储能系统规模	功能	研发单位	时间
1	爱尔兰	2MW×6h	风/储发电并网		2006.8
2	美国犹他州	250kW×8h	削峰填谷		2004.2
3	澳洲金岛风场	200kW×8h	风/储/柴联合		2003.11
4	丹麦	15kW×8h	风/储发电并网		2006.6
5	南非	250kW/520kWh	应急备用		2002
6	美国南卡罗来纳州	30/60kW×2h	备用电源	加拿大 VRB Power Systems Inc	2005.10
7	美国佛罗里达州	2×5kW×4h	光/储发电		2007.7
8	意大利	5kW×4h	电信备用电源		2006.4
9	丹麦	5kW×4h	风力/光伏发电		2006.4
10	加拿大	10kWh	偏远地区供电		2006.3
11	德国	10kWh	光/储并网		2005.9
12	泰国	1kW/12kWh	光伏/储能应用	V-Fuel Pty Ltd	1993

序号	地点	储能系统规模	功能	研发单位	时间
13	日本	200kW/800kWh	平稳负载波动		1997
14	日本	450kW/1MWh	电站调峰	住友电工	1999
15	日本	1.5MW/3MWh	电能质量		2001
16	日本	179kW/1MWh	风/储并用系统		2001

(a) (b)

图 2-26　液流电池系统的外部和内部结构图

(a) 外部结构；(b) 内部结构

液流电池具有容量大、功率大、效率高、寿命长、安全性高等优点，使其在很短的时间内得到了较快的发展。但是，其产业化仍面临电解液、电极极板特别是离子交换膜等关键材料的制约及实际储能价格偏高等问题。

第四节　钠　硫　电　池

钠硫电池于 1966 年首先由美国福特公司针对电动汽车中的应用而提出。但是随后的研究发现，由于钠硫电池具有高比功率和比能量、低原材料成本和制造成本、温度稳定性以及无自放电等特性，使其成为目前最具市场活力和较好应用前景的储能电池。钠硫电池的电极材料是钠和硫，储量丰富，成本较低。钠硫电池理论能量密度约为 760kWh/kg（实际约 300kWh/kg），是铅酸电池的 3~4 倍，功率密度约 230W/kg，循环效率 80% 以上，循环寿命 10 年以上。钠硫电池储能成本约为 400~600 美元/kWh 和 1000~3000 美元/kW，比较接近大规模储能市场预期。

一、钠硫电池储能原理

钠硫电池以熔融态的钠和硫分别作为负极和正极，以 β''-Al_2O_3 陶瓷管作为固态电解质兼正负极隔膜，电池的工作温度在 300~350℃，熔融钠以 Na^+ 离子的形式通过 β''-Al_2O_3 陶瓷管，传递到正极，与正极的熔融硫反应生成多硫化钠。电池充放电反应过程中，通过 Na^+ 离子在 β''-Al_2O_3 固体电解质之间的来回穿越从而传递电流。在 350℃时，钠硫电池的断路电压为 2.08V。钠硫电池的反应表达式见式（2-18）~式（2-20）：

正　极： $$Na_2S_x \xrightleftharpoons[\text{放电}]{\text{充电}} 2Na^+ + xS + 2e^- \qquad (2\text{-}18)$$

负　极： $$2Na^+ + 2e^- \xrightleftharpoons[\text{放电}]{\text{充电}} 2Na \qquad (2\text{-}19)$$

总反应： $$Na_2S_x \xrightleftharpoons[\text{放电}]{\text{充电}} 2Na + xS \qquad (2\text{-}20)$$

由此，算得的能量密度理论值为 760Wh/kg。

图 2-27 为钠硫电池的工作示意图和电极反应原理图。从图 2-27 中可以看出，电池放电时的电极过程是电子通过外电路从阳极（电池负极）到阴极（电池正极），而 Na^+ 则通过固体电解质 β''-Al_2O_3 与 S^{2-} 结合形成多硫化钠产物，在充电时电极过程正好相反。

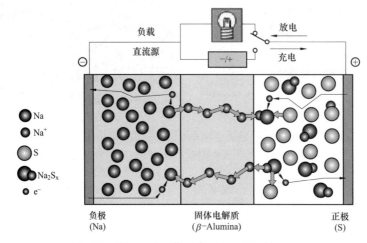

图 2-27　钠硫电池工作示意图和电极反应原理图

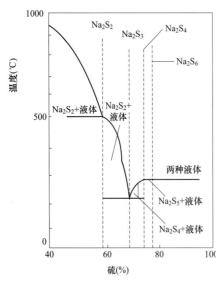

图 2-28　Na_2S/S 相图

在 Na/S 二元体系中，钠与硫发生反应能生成从 Na_2S 到 Na_2S_5 的多硫化物。因为钠与硫之间的反应剧烈，因此两种反应物之间必须用固体电解质隔开，同时又必须是钠离子导体。目前所用电解质材料 Na-β-氧化铝，只有温度在 300℃ 以上时，Na-β-氧化铝才具有良好的导电性。另一方面，钠、硫及多硫化物在室温下均为固体，当这些物质均以固态形式存在时，电池电阻率就会增加。从图 2-28 所示的 Na_2S/S 相图可知，各种多硫化物的熔点均在 200~300℃，所以 Na/S 电池的正常运行温度应首选在 300~350℃。相图还表明，要避免固体析出，放电反应通常要在 Na_2S_5 成分出现时终止。多硫化物熔盐中含硫 78%~100% 时，有两个不相溶的液体形成：一个是富硫相，实际上几乎是纯硫；另一个离子导体熔盐 $Na_2S_{5.2}$。放电时 Na/S 体系的电动势反映了熔盐组分的变化，先是硫，经过各种组成最后形成 Na_2S_5。当这两相共存时，电动势保持不变。但在 $Na_2S_{5.2}$ 与 $Na_2S_{2.7}$ 组成之间，电动势逐渐降低。除 $Na_2S_{2.7}$ 组成外，充电时还形成固体 Na_2S_2，说明液体中的组成总是 Na_2S_x。在此范围内，电动势仍保持不变。

归纳起来，钠硫电池具有如下特点：

（1）比能量高，理论比能量为 760Wh/kg，实际已达 300kWh/kg，为铅酸电池的 3~4 倍。

（2）开路电压高，350℃时开路电压为 2.08V。

（3）充放电电流密度高，放电一般可达 200~300mA/cm^2，充电则减半。

（4）充放电安时效率高，由于电池没有自放电及副反应，电流效率接近 100%。

钠硫电池的主要不足之处是由于工作温度在 300~350℃（受 $\beta''\text{-}Al_2O_3$ 固体电解质材料电导率及电极材料熔点限制），所以电池工作时需要一定的加热保温。但现代保温技术发展很快，国外已普遍采用高性能总工真空绝热保温技术，可将保温层做得很薄（<30mm），比热损失可低于 60W/m^2（320℃）。热绝缘材料需满足的条件有：①抽真空后对大气压稳定；②对加速稳定；③密度低；④温度高至 800℃ 时仍稳定。目前主要采用的绝热材料为玻璃纤维板和多孔性绝缘材料。其中多孔性绝缘材料主要是高度分散的二氧化硅，粒度仅为 5~30nm。高分散的二氧化硅压制成板状，再经升温到 800℃ 的热处理，这样该板就能自立而无需支撑，并有微孔结构。高分散的二氧化硅原料加入遮光剂后可降低辐射造成的热量损失。

二、钠硫电池的结构及材料

钠硫电池结构如图 2-29 所示：一个由 $\beta''\text{-}Al_2O_3$ 固体电解质做成的中心管，将内室的熔融钠（负极）和外室的熔融硫（正极）隔开。整个装置密封于不锈钢容器内，此容器又兼作硫电极的集流器。单体钠硫电池主要包括 $\beta''\text{-}Al_2O_3$ 固体电解质陶瓷管、氧化铝纤维和石墨毡双重结构的硫极、毛细结构的钠芯钠极、不锈钢筒体（包括封装）。

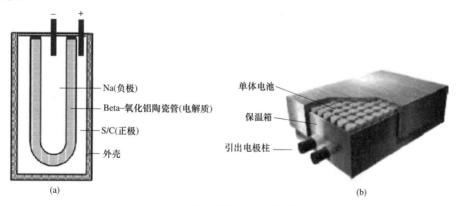

图 2-29　钠硫电池结构图

（a）中心钠负极设计的管事钠硫电池结构；（b）钠硫电池模块示意图

(一)正极材料

图 2-30 为钠硫电池预制硫极示意图。硫预制电极由两个模压成型的槽型石墨毡与注入的硫构成，石墨毡起导体作用。此外在槽型硫极预制块和 β 氧化铝管之间有一层衬入的

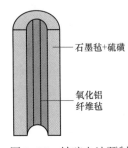

图 2-30 钠硫电池预制硫极示意图

0.5mm 厚的氧化铝纤维毡。因为在硫电极中，石墨毡对硫具有很好的润湿性，经过多次充电后，在 β 氧化铝管外表面形成绝缘的硫层，阻碍充电反应 $S_x^{2-} \rightarrow S$ 的进行，引起界面极化。纯氧化铝纤维毡在硫熔液中对多硫化钠具有很好的润湿性，实验表明氧化铝纤维毡对硫不润湿，因此，衬入氧化铝纤维毡后，可在硫极和 β 氧化铝管界面形成一层 Na_2S_x 膜，有利于后期的充电反应，缓解界面极化，减小容量损失。虽然氧化铝纤维是绝缘材料，但由于一方面，该层毡非常薄，石墨纤维仍能穿过它并与 β 氧化铝管壁接触，故并不影响电极导电。其次，在氧化铝纤维上润湿的多硫化钠是离子导体，对硫极离子传导和充电反应有利，因此，电池内阻并不增大。

(二)负极材料

钠硫电池作为一种新型高能量密度的二次电池，以其众多的优点在车辆驱动和电站贮能方面应用展现了广阔的发展前景。但与其他二次电池一样，钠硫电池也面临一个电池退化和失效的共性问题。这一重大问题与电池结构有着密不可分的关系。在钠硫电池中，为了确保钠电极电阻在整个电池内阻的分布中占据较小地位，一个很重要的方面就是解决钠极在放电时的供钠问题，也就是必须维持钠极中金属钠在电池整个充放电期间，始终 $\beta''-Al_2O_3$ 陶瓷管内表面全部接触、润湿。钠芯结构有两种，分别为传统贡钠方式的钠芯和毛细结构的钠芯，如图 2-31 所示。传统的靠重力供钠方式的钠极结构在设计时必须增加钠的加入量，因为当电池放电到所设计容量时，钠的液面只能降到 β 氧化铝管口上部为止，整个管内剩余的钠不能再被消耗，否则如进一步放电，由于钠的液面继续下降，造成上部分管壁未被钠所润湿，$\beta''-Al_2O_3$ 陶瓷管内表面有效接触面积减少，电流相对集中于陶瓷管下部分面积，则电流在电解质表面分布不均匀，可导致陶瓷管损坏。毛细结构的钠芯钠极将退火过和未退火的二种不锈钢管

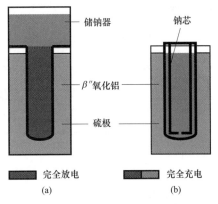

图 2-31 钠硫电池两种钠级结构
(a) 传统贡钠方式；(b) 毛细结构的钠芯

箔（厚 0.045~0.05mm）分别外贴 300 目不锈钢网卷成筒状套入 $\beta''-Al_2O_3$ 管内，使不锈钢网紧贴 $\beta''-Al_2O_3$ 内壁后盛入金属钠，利用不锈钢网的毛细作用，从 $\beta''-Al_2O_3$ 陶瓷管底部吸取液钠，使之与整个 β 氧化铝管内壁润湿。在放电过程中，只要钠芯底部仍有少量钠接触，通过毛细作用，整个管内壁都能与钠完全润湿。

毛细钠芯结构供钠方式与传统的供钠方式相比有如下优点：①电池钠的加入量少了，活性物质利用率得以提高。②钠的量减少，贮钠器可免去，整个电池体积减小，重量减轻，从而电池比能量提高。③电池的安全性提高，因为当 β 氧化铝管破裂损坏时钠芯可起

到对钠的限流作用，这样可阻止大量的钠与硫瞬间发生剧烈反应。④电池密封的可靠性有望进一步加强。

（三）氧化铝陶瓷管及其制备

氧化铝陶瓷管（见图 2-32）是钠硫电池的关键部件，其质量将很大程度上影响着电池的性能和寿命，因此它必须具有高的离子电导率、长的离子迁徙寿命、良好的纤维结构和力学性能，以及准确的尺寸偏差，这些都对陶瓷管的制备提出了很高的要求。

目前陶瓷管存在着粉体制备和陶瓷管成型的困难。传统的陶瓷粉体制备方法主要为固相反应法。为了反应显著，必须将它们加热到很高的温度（通常为 1000 ~ 1500℃）。过高的烧结温度、过长的烧结时间带来的一个不利因素是会导致 $\beta''\text{-Al}_2\text{O}_3$ 向 $\beta\text{-Al}_2\text{O}_3$ 的相转变。为满足电池的使用要求，选择了导电率更高的 $\beta''\text{-Al}_2\text{O}_3$，这就要求在粉体制备时必须提高其高温稳定性。实验证明，当掺杂一定量的 Mg^{2+} 或 Li^+ 时，可使 $\beta''\text{-Al}_2\text{O}_3$ 至少稳定到 1973K。过高的烧结温度、过长的烧

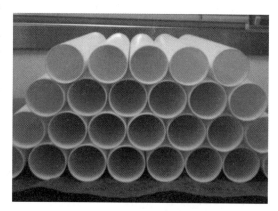

图 2-32　批量制备的氧化铝陶瓷管

结时间带来的另外一个不利因素就是高温下 Na_2O 很容易挥发，严重影响了 $\beta''\text{-Al}_2\text{O}_3$ 的钠离子导电性能，会给钠硫电池带来致命的伤害。除了上述方法，又开发了一些新的软化学合成方法，如溶胶—凝胶法、溶液燃烧合成法、共沉淀法等，这些方法大大降低了合成温度，但仍然存在合成工艺复杂、合成时间长、能耗大的缺点，而且在器件制备过程中仍需要高温烧结，Na_2O 的高温挥发难以避免，因此需要将各种合成方法和烧结技术综合来寻求最佳的制备工艺。微波合成技术是目前国际上比较新颖的合成方法，具有升温快和体加热等优点，能够短时间内迅速升温，由于气体的逸出方向和升温方向一致，可以得到致密度很高的陶瓷烧结体。张莉莉等采用微波辅助 Sol-gel 法成功地合成了 $\beta''\text{-Al}_2\text{O}_3$。在试验中，研究人员将纯的硝酸铝、碳酸钠和硝酸镁，分别配成溶液，按 $y = 0.67$（$Na_{1.67}O \cdot Al_{10.33}Mg_{0.67}O_{16}$）化学计量比配成混合溶液，加入一定量的柠檬酸和聚乙烯醇，其中柠檬酸的物质的量等于溶液中所有金属阳离子摩尔数之和，在 80℃缓慢蒸发水分制成凝胶；然后将凝胶在 1073~1373K 下分解获得预烧粉末，反应时间为 5~30min。凝胶经 1323K 预烧 1h，微波处理 30min 后产物大部分为 $\beta''\text{-Al}_2\text{O}_3$，同时还含有少量的 $\beta\text{-Al}_2\text{O}_3$。在预烧试样中添加 2% 的 $\beta''\text{-Al}_2\text{O}_3$ 为籽晶后再经微波处理，微波响应时间明显缩短，同时最终产物中 β'' 相的含量也有所增加。由此也证明了使用微波辅助 Sol-gel 法合成 $\beta''\text{-Al}_2\text{O}_3$ 是可行的、也是比较成功的实验方法。

陶瓷管制备的另外一个困难就是管子的成型技术。陶瓷管的特殊使用环境，要求其具有高的力学强度、高密度和均匀显微结构，良好的同心度和尺寸公差，这些都对管子的成型技术提出了更高的要求。目前采用的等静压、电泳、滑铸或挤压技术等较好地解决了这些问题。等静压相对简单、成熟、成本较低，且产出率高。等静压时将粉末置入聚氨酯模

具，通过向模具施加液压力压紧，然后将粉末等静压至相对高的密度与适宜的尺寸公差。电泳沉积将一根带电的顶杆放入悬浮 $\beta''-Al_2O_3$ 粉末的电解液中，在顶杆与一电极之间施加电场，粉末均匀沉积在顶杆上，素管从顶杆取出后进一步等静压，增加均匀度与强度。Byckalo 等采用滑铸在石膏模内用带活性物质的水悬液制作素管，密度相对较高；Rivier 和 Pelton 还采用不同模具，其主要不足是颗粒取向性较强，低电阻方向与电流流向垂直，因而成品电阻较高。由福特公司开发的挤压技术包括一根固定的顶杆，在其上有一可移动的模具，粉末在两部件之间受到挤压，从模具取出后进行高温烧结以获得高密度、适当力学强度与良好的电性能。但高温烧结易造成钠的高温蒸发，并造成晶粒团聚长大，使用铂或氧化镁封闭容器并缩短在高温区停留时间（<30min）可以解决这些问题。

（四）电池的密封结构及防腐蚀

由于钠硫电池工作温度高，电池物质钠和硫易燃，硫蒸气压高，如密封不良，使硫逸出造成损失或氧化产生多硫钠，使电池放电过程中过早地生成低硫化钠，引起放电电压降低。钠硫电池硫极容器的腐蚀是引起电池退化、影响电池寿命的重要因素之一。电池硫极中的反应物熔融多硫化钠具有高度腐蚀性，它与金属容器反应形成松散的金属硫化物，影响电池的物理及化学性能造成电池退化。图 2-33 为钠硫电池单体外观和电池组的密封结构。

图 2-33 钠硫电池单体外观和电池组的密封结构

电池的腐蚀产物会引起电池电阻增加、减少电池容量、破坏 $\beta''-Al_2O_3$ 陶瓷管电解质。电池电阻的增加，是由于在集流器或者硫电极基体界面产生的腐蚀产物层，或者是由于 $\beta''-Al_2O_3$ 陶瓷管全部或者部分被沉积的腐蚀产物所堵塞。当足够多的硫通过腐蚀过程中的化学反应形成金属硫化物后，电池的容量就会下降。即使是非常微量的腐蚀产物也会改变硫电极碳毡基体的润湿性，同时也会影响电池的导电性能。扩散或者杂质离子通过离子交换进入到 $\beta''-Al_2O_3$ 陶瓷晶格内会引起其导电性的改变，陶瓷电解质的部分堵塞会导致电流分布的不均匀，这会导致电流密度的急剧增大，最终导致陶瓷管的失效。

为提高正极抗硫和多硫化钠腐蚀的性能，许多国家、地区和相关单位、研究人员等，开展了广泛的研究，测试了多种材料和加工处理方法，取得了显著的进展。日本东洋钢板株式会为其公司新近研发的一种以渗镍方法处理过的钢板作为钠硫电池硫极容器的方法申请了专利。在这项专利中，研究人员以连续浇铸成型的低碳无铝碳钢［碳含量为 0.03%

（质量分数）〕为基体，以氨基硫磺盐或者氟硼酸盐作为底层镍电镀层的熔融盐，使用的方法为电解质电镀。电镀层的密度可以达到 $3 \sim 80A/dm^2$，pH 值在 3.5~5.5 温度控制在 40~60℃。电镀得到的镀层厚度为 0.5~5μm。电镀之后继续在无氧或惰性气体保护下升温加热，将镍电镀层完全或者部分地转换为扩散层，防止电镀层从铁基体上剥落。退火可以使用密封退火或者持续退火，密封退火的温度为 450℃ 或者更高，退火时间为 6~15h；持续退火的时间较短，为 30s~20min。

为达到更加优良的防腐蚀效果，在扩散层中添加一定量的石墨，制成防腐蚀性和导电性都更佳的石墨分散镍导电层。使用镍电镀液或者混合合金电镀液，并加入一定量的表面活性剂，同时将一定直径的天然或者人造石墨充分分散到电镀液中，再进行电镀过程，在钢板表面形成石墨分散镍导电层，之后将电镀好的薄板制成电池容器。经过测试，这种钢板制成的硫极容器具有较好的耐腐蚀性和导电性能。

此外，还开发了渗铬技术来提高材料的耐腐蚀性。顾中华等采用的渗铬方法为：以 20 碳钢作为基体，铬粉（200 目）为铬源，活性卤化物采用 NH4Cl，$\alpha-Al_2O_3$ 粉末作为稀释剂。渗铬剂在升温过程中生成 $CrCl_2$，经还原 Cr 扩散进入基体，形成 Cr-C-Fe 合金。最终得到的渗层由两层构成：在 800~1200℃ 时，第一层厚度为 3~20μm，铬质量含量 95% 左右〔$\omega(Cr)+\omega(Fe)=100\%$〕，随着温度的升高，厚度及铬浓度都增加，保温时间延长，厚度亦随之增加，但铬质量含量降低；第二层厚度与第一层相近，铬质量含量 20%~30%，随着离渗铬表面距离的增加而递减。在 1300℃，保温 2h，第一层厚 12.5μm，铬质量含量 97.8%，第二层厚达 200μm，铬质量含量可达 65%。国网安徽省电力公司潘上红等对渗铬样品进行了腐蚀性能的测试，并且观察了其腐蚀形貌和显微结构。所有测试的结果都表明了渗铬处理后的试样，耐腐蚀性能有非常大的提高。

三、应用实例

钠硫电池在 300℃ 的高温环境下工作，其正极活性物质是液态硫（S）；负极活性物质是液态金属钠（Na），中间是多孔性陶瓷隔板。钠硫电池具有许多特色之处：一是比能量高，其理论比能量为 760Wh/kg，实际已大于 100Wh/kg；二是可大电流、高功率放电；三是充放电效率高，充放电电流效率几乎 100%。太阳能、风能等新能源洁净无污染，但由于受到地理、时间、天气等因素影响，发电功率很不稳定。给整个电网带来不期而至的"洪峰"。钠硫电池作为一种储能电池。它的"蓄洪"性能非常优异，它可以承受超过额定功率 5~10 倍的电流，在用电高峰时，可以将储存的电能以稳定的功率释放到电网中。钠硫储能电池更大的作用还在于为整个电网"削峰填谷"。通过"削峰填谷"，可使每吨标准煤所发的电多利用 100kWh，可带来经济效益 480 元。然而钠硫电池在工作过程中需要保持高温，有一定安全隐患。钠硫电池在国外已是发展相对成熟的储能电池。其寿命可以达到使用 10~15 年。

日本在钠硫电池技术方面遥遥领先于其他国家和地区，除了 NGK 公司是全球钠硫电池研制、发展和应用的标志性机构外，汤浅公司和日立公司也在进行钠硫电池技术研究。从 20 世纪 80 年代开始，日本东京电力公司（TEPCO）和 NGK 公司合作开发钠硫电池作为静态环境下的储能电池，同时日本政府新能源产业技术综合研究机构（NEDO）对该项目持续投入支持，使得 NGK 公司虽然在研究钠硫电池的几十年中一直亏损，但是却能坚持下来，并且在钠硫电池系统开发方面处于国际领先地位。2002 年，NGK 公司开发的钠硫电池开始进入商品化实施阶段，2004 年在 Hitachi 自动化系统工厂安装了当时世界上最大的钠硫电池系统，容量是 9.6MW/57.6MWh。2007 年日本年产钠硫电池量已超过100MW，开始向海外输出。在国内，国家电网公司同中科院上海硅酸盐研究所合作，2008年完成电池模块的研制，2009 年攻关百千瓦级储能设备，2010 年实现世博会示范应用，到 2011 年进入大规模产业化阶段。该项技术极有可能成为首批电化学储能电站的应用技术。表 2-8 为 TEPCO 公司安装的商业化 NAS 系统。

表 2-8　　　　　　　　　　TEPCO 公司安装的商业化 NAS 系统

用户类型	功能	额定容量（kW）	用户类型	功能	额定容量（kW）
半导体公司	LL+UPS	1000	化学处理	LL+UPS	2000
购物中心	LL	1000	医院	LL+UPS	2500
印刷品供应	LL+UPS	200	实验室	LL	1000
汽车业	LL	1500	大学	LL	100
自来水厂	LL+UPS	300	自来水厂	LL+UPS	250
购物中心	LL	1000	自来水厂	LL	8000
自来水厂	LL	200	酿酒厂	LL+UPS	1000
自来水厂	LL+UPS+EPS	400	电子企业	LL+UPS	2000
游乐园	LL+EPS	1000	购物中心	LL	1000
食物加工	LL+UPS	500	电子企业	LL+UPS	1500
药厂	LL+UPS+EPS	250	化妆品企业	LL+UPS	1000
购物中心	LL	750	食品加工	LL	4000
购物中心	LL	1000	车载电子设备公司	LL+UPS	8000
大学	LL+EPS	1000			

　　大规模电网储能多方面的要求给钠硫电池的发展提出了新的挑战。首先，高温（350℃）运行的钠硫电池一旦陶瓷管破裂形成短路，将酿成很大的安全事故，如 2011 年 9 月 21 日，日本三菱材料筑波材料制作所内的钠硫电池发生火灾。其次，高温下钠硫电池的腐蚀问题仍是阻碍其进一步发展的主要障碍之一。目前研究人员希望通过改进钠硫电池结构来降低该电池体系的工作温度，从而解决上述问题。例如，全固态钠硫电池，电池温度低至 90℃，甚至有人尝试制备了室温下工作的钠硫电池，不过这些电池的性能还有待进一步提高。目前，日本 NGK 公司是国际上钠硫储能电池研制、发展和应用的标志性机构。从 20 世纪 80 年代中期至 2002 年，NGK 公司完成了从开发、示范到钠硫电池的商业化生产和供应。目前 NGK 已有 100 余座钠硫电池储能电站在全球运行，现已建成用于风电场的34MW 钠硫储能电站。中国科学院上海硅酸盐研究所是国内长期从事钠硫电池研究的单位，在钠硫电池的研究和示范应用方面取得了较好的成绩。图 2-34 为我国自主开发的钠

硫电池储能系统外观和电池模块外观图。

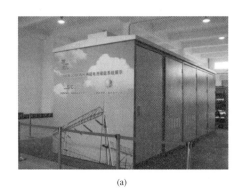
(a)

(b)

图 2-34　钠硫电池储能系统外观和电池模块外形图

（a）钠硫电池储能系统外观；（b）电池模块外形图

第五节　燃　料　电　池

燃料电池（Fuel Cell，FC）是一种不经燃料过程而直接将存储在燃料和氧化剂中的化学能转化为电能的发电装置。1839 年，英国的 W. Grove 就在实验室里验证了燃料电池的工作原理，但直到 1939 年，F. T. Bacon 才第一次用 KOH 水溶液制造出了燃料电池。之后，美国联合技术公司（UTC）购买了 Bacon 的专利，率先开发燃料电池技术，并于 1984 年成立了国际燃料电池公司（IFC）。美国阿波罗登月计划及各种航空研究的开展，使得 FC 技术首先在太空探索器的动力电源方面获得广泛的应用。20 世纪 80 年代开始，随着环境、节能问题日益突出、相关技术的成熟以及电力工业的改革要求，西方发达国家率先开发以高效、节能、低公害为最终目标的实用化和民用化 FC，并在全球范围揭起 FC 研究和应用的热潮。作为一种洁净、高效的发电方式，FC 被认为是继水力、火力和原子能之后的最有前景的发电技术。

理论上，FC 可以应用于所有采用电能作为动力的领域，目前应用主要集中在交通动力、用户电力、航天、武器、通信等方面，尤其是 FC 电动汽车为各汽车制造商看好，成为当今 FC 应用的最亮点。在国内，FC 应用于交通动力的研究更是占据绝对优势。但从国外经验和今后发展来看，考虑到我国能源的结构状况和需求变化，FC 在电力系统的应用将产生更为深远的影响。美国、日本、加拿大等国已经在这一方面进行了初步尝试，完成了一系列的示范工程，取得了令人振奋的成果。在国内，类似的研究开发几乎还没有开展。目前，环境保护需求、"绿色能源"开发、电力市场化改革等为 FC 的电力系统应用提供了良好的契机。

一、燃料电池的工作原理

燃料电池的发电原理与其他化学能源一样，即电极提供电子转移的场所，阳极发生燃料（如氢气、甲醇和天然气等）的催化氧化反应，阴极发生氧化剂（氧气或空气）的催化还原反应，电解质将燃料电池阴极和阳极分隔开并为质子提供迁移的通道，电子通过外电路做功并构成电的回路。在电池内这一化学能向电能的转化过程等温进行，即在燃料电池内，可在其操作温度下利用化学反应的自由能。但燃料电池的工作方式与常规化学电源不同，而是类似于汽油机或柴油机，即燃料电池的燃料和氧化剂不存储在电池内部。电池发电时燃料和氧化剂通过外部的存储装置连续不断的送入电池内部，电化学反应后部分未反应完的气体和反应生成物排除电池，同时也需排出一定的废热，以维持电池工作温度的恒定。燃料电池本身只决定输出功率的大小，而贮存的能量则由燃料和氧化剂的贮罐决定。图 2-35 为燃料电池工作原理示意图。图 2-36 为燃料电池系统示意图。

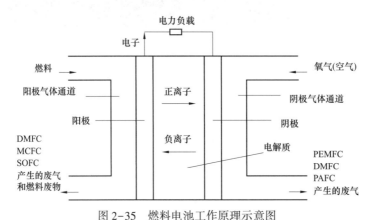

图 2-35 燃料电池工作原理示意图

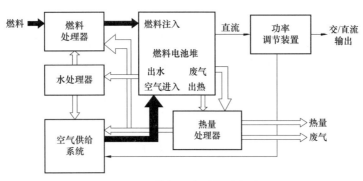

图 2-36 燃料电池系统示意图

　　燃料电池发电是将燃料的化学能直接转换为电能的过程，其发电效率不受卡诺循环的限制，发电效率可达到 50%~70%。燃料电池只要有燃料和氧化剂供给，就会有持续不断的电力输出。与常规火力发电相比燃料电池具有以下优点：①理论发电效率高，发展潜力大；②污染物和温室气体排放量少；③小型高效，可提高供电可靠性；④低噪声，在距发电设备 3 英尺（1.044m）处噪声小于 60dB（A）；⑤电力质量高，电流谐波和电压谐波均满足 IEEE 519 标准；⑥变负荷率高，变负荷率可达到（8%~10%）/min，负荷变化的范围 20%~120%；⑦燃料电池可使用的燃料有氢气、甲醇、煤气、沼气、天然气、轻油、柴油等；⑧模块化结构，扩容和增容容易，建厂时间短；⑨占地面积小，占地面积小于

$1m^2/kW$；⑩自动化程度高，可实现无人操作。

二、燃料电池的分类

燃料电池的种类较多，按燃料的供应方式来分类，可分为直接和间接供氢两种，直接供氢就是直接用氢作燃料，没有中间重整过程；间接供氢是通过重整装置先将氢从其他形式的燃料中分离出来。按工作温度来分，可分为低温（<100℃）、中温（100～300℃）和高温（500～1000℃）燃料电池。按采用的电解质类型来分，燃料电池大致可分为 6 种：质子交换膜燃料电池（PEMFC）、直接甲醇燃料电池（DMFC）、碱性燃料电池（AFC）、磷酸燃料电池（PAFC）、熔融碳酸盐燃料电池（MCFC）和固体氧化物燃料电池（SOFC）。表 2-9 是各种燃料电池的主要电化学反应。

表 2-9　　　　　　　　　　　　各种燃料电池的主要电化学反应

中文名称	英文缩写	正极反应	通过电解质的移动离子	负极反应
质子交换膜燃料电池	PEMFC	$H_2 \rightarrow 2H^+ + 2e^-$	H^+	$O_2 + 4H^+ + 4e^- \rightarrow 2H_2O$
直接甲醇燃料电池	DMFC	$CH_3OH + 2H_2O \rightarrow 6H^+ + 6e^- + CO_2$	H^+	$3/2\ O_2 + 6H^+ + 6e^- \rightarrow 3H_2O$
碱性燃料电池	AFC	$H_2 + 2OH^- \rightarrow 2H_2O + 2e^-$	OH^-	$O_2 + 2H_2O + 4e^- \rightarrow 4OH^-$
磷酸燃料电池	PAFC	$H_2 \rightarrow 2H^+ + 2e^-$	H^+	$O_2 + 4H^+ + 4e^- \rightarrow 2H_2O$
熔融碳酸盐燃料电池	MCFC	$H_2 + CO_3^{2-} \rightarrow 2H_2O + CO_2 + 2e^-$	CO_3^{2-}	$O_2 + 2CO_2 + 4\ e^- \rightarrow 2CO_3^{2-}$
固体氧化物燃料电池	SOFC	$H_2 + O^{2-} \rightarrow H_2O + 2e^-$	O^{2-}	$O_2 + 4e^- \rightarrow 2\ O^{2-}$

1. 质子交换膜燃料电池（PEMFC）

PEMFC 有时称为固态聚合物电解质膜燃料电池。图 2-37 为 PEMFC 运作示意图。该技术是美国通用电气公司在 20 世纪 50 年代发明的，被美国航空航天局用来为其 Gemini 空间项目提供动力。目前这种燃料电池是最有前途、也是交通业拟用来取代原来使用的内燃机的一种燃料电池。

PEMFC 的核心是一个由多孔碳电极和一层薄的质子能够渗透但不导电的聚合物膜电解质组成的膜极组（MEA）。膜极组夹在两个集电板之间，通过两个集电板向外电路输出电力。膜极组和集电板串联组合成一个燃料电池堆。PEMFC 具有较高的效率，在正常工作条件下，效率可达到近50%，其电功率密度也很高。工作温度约为 60～

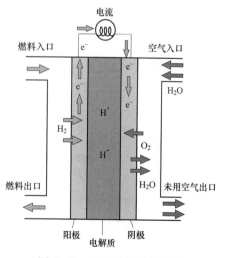

图 2-37　PEMFC 运作示意图

80℃，燃料电池能很快地达到运行所需的温度条件。因为具有高效率、高功率密度和起动快的特点，这也是其作为替代内燃机引擎的吸引力之一。但在这样的低温下，电化学反应正常地缓慢进行，通常在每个电极上的一层薄的白金进行催化。贵重金属催化剂的使用及相关部件生产工艺带来了 PEMFC 的高成本。随着原材料的改进和大规模生产技术的应用，将带来 PEMFC 技术的广泛应用。PEMFC 也是理想的可移动电源，是电动汽车、潜艇、航天器等移动工具电源的理想选择之一。据美国能源部评估，如果每个燃料电池堆达到每千瓦 35 美元目标，对汽车市场极具吸引力。即便 10 倍于这个价格，对固定式和便携式应用也是可以接受的。目前，PEMFC 在移动电源、特殊用户的分布式电源和家庭用电源方面有一定的市场，但是，不适合做大容量中心电站。

2. 直接甲醇燃料电池（DMFC）

DMFC 是 PEMFC 一个变种，优点是直接使用甲醇而无需预先重整。这种电池的标准工作温度为 120℃，比标准的质子交换膜燃料电池略高，其效率大约是 40% 左右。其缺点是当甲醇低温转换为氢和二氧化碳时要比常规的质子交换膜燃料电池需要更多的白金催化剂。直接甲醇燃料电池使用的技术仍处于其发展的早期，但已成功地显示出可以用作移动电话和膝上型电脑的电源，将来还具有为特殊的终端用户使用的潜力，是单兵战斗支持系统的理想电源。

3. 碱性燃料电池（AFC）

AFC 是该燃料电池技术发展最快的一种电池，主要为空间任务，包括航天飞机提供动力和饮用水。AFC 的设计基本与质子交换膜燃料电池的设计相似，但其使用的电解质为水溶液或稳定的氢氧化钾基质。AFC 的工作温度与质子交换膜燃料电池的工作温度相似，大约 80℃。因此启动也很快，但其电流密度却比质子交换膜燃料电池的密度低十来倍，在汽车中使用显得相当笨拙。如同质子交换膜燃料电池一样，AFC 对能污染催化剂的一氧化碳和其他杂质也非常敏感。此外，其原料不能含有一氧化碳，因为一氧化碳能与氢氧化钾电解质反应生成碳酸钾，降低电池的性能。

与其他燃料电池相比，AFC 功率密度和比功率较高，性能可靠。但它要以纯氢做燃料，纯氧做氧化剂，必须使用 Pt、Au、Ag 等贵金属做催化剂，价格昂贵。电解质的腐蚀严重，寿命较短，这些特点决定了 AFC 仅限于航天或军事应用，不适合于民用。

4. 磷酸燃料电池（PAFC）

PAFC 是当前商业化发展得最快的一种燃料电池。图 2-38 为 PAFC 工作示意图。这种电池除使用液体磷酸为电解质外，电池结构和 PEMFC 类似，可容许燃料气和空气中 CO_2 的存在。这使得 PAFC 成为最早在地面上应用或民用的燃料电池。PAFC 的效率与 PEMFC 相近，但其功率密度要小于 PEMFC，工作温度要比质子交换膜燃料电池高，在 200℃ 左右，但仍需电极上的白金催化剂来加速反应。其加热的时间也比质子交换膜燃料电池长。但同时因温度高而可以热电联产，并且具有构造简单、工作稳定、电解质挥发度低等优点。

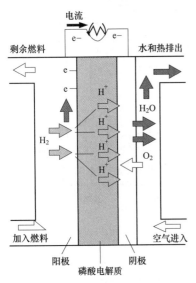

图 2-38 PAFC 工作示意图

与 AFC 相比，PAFC 的燃料气和空气的处理系统大大简化，加压运行时，可组成热电联产。但是，PAFC 的发电效率目前仅能达到 40%~45%（LHV），它需要贵金属铂做电催化剂；燃料必须外重整；而且，燃料气中 CO 的浓度必须小于 1%（175℃）~2%（200℃），否则会使催化剂中毒；酸性电解液的腐蚀作用，使 PAFC 的寿命难以超过 40 000h。

PAFC 目前的技术已成熟，产品也进入商业化，作为特殊用户的分散式电源、现场可移动电源和备用电源，经过大量的示范项目验证，磷酸燃料电池能成功地用于固定的应用，已有许多发电能力为 0.2~20MW 的工作装置被安装在世界各地，为医院、学校、银行、政府机构和军事基地提供电力和热能。

5. 熔融碳酸盐燃料电池（MCFC）

MCFC 主要为中型到大型固定式应用或海上应用而设计。与上述的燃料电池差异较大，这种电池是使用镍或氧化镍作为电极，以熔融锂钾碳酸盐或锂钠碳酸盐作为电解质，以不锈钢作为集电板。工作温度为 650℃，因此不需要贵重金属作催化剂。在这样的高温下，还能在内部重整诸如天然气和石油等碳氢化合物，重整出的一氧化碳与水蒸气化合产生二氧化碳和氢气，解决了氢的供应问题，同时内部重整技术也大大简化了燃料电池科技中要求的辅助设施问题。但有一些碳氢化合物还需额外的燃料处理过程。这种燃料电池的效率可达 60%。如果热量能够加以利用，其潜在的效率可高达 80%。

MCFC 的优势在于可采用镍做电催化剂，而不必使用贵重金属；燃料可实现内重整，使发电效率提高；系统简化，电极、隔膜、双极板的制造工艺简单，密封和组装的难度相对较小，大容量化容易，造价较低；CO 可直接用作燃料；余热的温度较高，可组成燃气/蒸汽联合循环，使发电容量和发电效率进一步提高。但是，MCFC 也有其缺点：必须配置 CO_2 循环系统；要求燃料气中 H_2S 和 CO 小于 0.5mg/kg；熔融碳酸盐具有腐蚀性，而且易挥发；寿命较短，组成联合循环发电的效率比 SOFC 低；与低温燃料电池相比，MCFC 的缺点是启动时间较长，不适合作备用电源。

MCFC 已接近商业化，示范电站的规模已达到 2MW。从 MCFC 的技术特点和发展趋势看，MCFC 是将来民用发电（分散电源和中心电站）的理想选择之一。

6. 固态氧化物燃料电池（SOFC）

SOFC 的电解质是固体，可以被做成管形、板形或整体形。与液体电解质的燃料电池（AFC、PAFC 和 MCFC）相比，SOFC 避免了电解质蒸发和电池材料的腐蚀问题，电池的寿命较长（已达到 70 000h）。CO 可作为燃料，使燃料电池以煤气为燃料成为可能。SOFC 的运行温度在 1000℃左右，燃料可以在电池内进行重整。由于运行温度很高，要解决金属与陶瓷材料之间的密封也很困难。与低温燃料电池相比，SOFC 的启动时间较长，不适合做应急电源。与 MCFC 相比，SOFC 组成联合循环的效率更高，寿命更长（可大于 40 000h）；但 SOFC 面临技术难度较大，价格可能比 MCFC 高。示范业绩证明 SOFC 是未来化石燃料发电技术的理想选择之一，既可用作中小容量的分布式电源（500kW~50MW），也可用作大容量的中心电站（>100MW）。尤其是加压型 SOFC 与微型燃气轮机结合组成联合循环发电的示范，将使 SOFC 的优越性进一步得到体现。

表 2-10 列出了各种 FC 的主要特性及其应用。

表 2-10 各类 FC 的主要特性及应用

各类 FC 特性	AFC	PEMFC/SPFC	PAFC	MCFC	SOFC
工作温度 (℃)	50~90	50~125	150~220	600~700	800~1000
燃料	氢气和氧气或空气	甲醇、天然气、粗石油等, CO 是毒化剂	甲醇、天然气、粗石油等, CO 是毒化剂	含碳燃料, 如石油、CO、天然气或烃类气体	烃类、甲醇, 也适用于重燃料 (煤气、柴油等)
电流密度 (mA/cm²)	高, 数百至千	受运行条件影响, 几十到几千	一般 150~350	典型值为 100~300	较高, 数百
发电效率	约 40%	电池堆效率 50%~60% 或更高, 电站系统效率可达 46% 以上	目前 40%~50%, 组成燃气蒸汽联合循环系统, 总效率可达 80%	可达到 60%, 联合循环可达 70%, 热电联产的效率达 85% 以上	约 60%, 联合循环效率 70%, 热电联产的效率达 85%, 燃煤时发电效率已达 55%, 预计至 65%
负载特性	能快速启动	启动时间很短, 数分钟内达满负荷	变负荷率 8%~10%/min	变负荷率 8%~10%/min	启动时间较长, 不适合做应急电源
寿命	较短, 一般 5~8 千小时	较长, 可达 4 万小时	4 万小时左右	4 万小时左右	较长, 已达到 7 万小时
装置特性	电池组堆技术要求高, 性能呢可靠, 有腐蚀性	固体电解质, 制造简单, 运行可靠, 无腐蚀	燃料和空气的出力系统简单, 易于组成热电联产	成本低, 效率高; 腐蚀性强, 密封要求高	固体电解质, 堆内燃料重整, 耐受杂志能力强, 材料要求高
应用领域	几乎在所有领域与其他 FC 竞争, 目前主要应用于航天或军事, 正开始进入民用领域 (如交通)	理想的移动电源, 最有前途的交通工具动力, 分布式电源和家庭用电源, 不适合做大容量中心电站	目前最成熟, 商业化最高, 分散式电源、现场电站, 可移动电源和备用电源, 尚不宜作大容量中心电站	将来民用发电 (分散电源和中心站) 的理想选择之一	未来化石燃料发电技术的理想选择之一, 既可用作中心小容量的分布式电源 (500kW~50MW), 也可以作大容量的中心电站 (>100MW)
国外应用研究	5kW 培根 AFC (第一个 kW 级 AFC 系统, 20 世纪 50 年代); 德国西门子 7kW AFC 系统, 美国双子座飞船 12kW AFC 系统 (1981 年), 比利时层开发了 1.5~50kW AFC 系统 (20 世纪 70 年代)	20 世纪 60 年代美国通用公司开发首个 PEMFC 系统; 20 世纪 90 年代以来发展迅速, 为各大汽车公司所青睐, 加拿大已经开发出 250kWPEMFC 示范电站	美、日、西欧等国或地区已经建造了功率从数千到数十兆瓦的试验电厂, 迄今全球已经安装了接近 200 套的 PAFC 装置	始于 1950 年, 目前规模已经达到 250~2000kW, 日本已有 100MW 以上燃用天然气的 MCFC 联合循环发电机组的示范, 并规划研制数百 MW 的 MCFC 发电厂以取代传统的热电厂	发展初期, 已研制出数百 kW SOFC 发电系统的试验装置; 积极开发低成本的中温 (500~800℃) SOFC, 预计到 2020 年推出 100MW 及以上的燃煤式 SOFC 中心电站

续表

各类 FC 特性	AFC	PEMFC/SPFC	PAFC	MCFC	SOFC
国内研究	20 世纪 70 年代开始研究并取得一定成果，曾组装了 10kW、20kW 以氢气为燃料的 AFC 和碱性石棉膜燃料电池系统，但没有实际应用；后因航天计划改变，研究力度下降	是目前国内研究投入力度最大的燃料电池，主要研究采用 PEMFC 作为电源的电动汽车，目前已经达到数十 kW/1000h 的水平	PAFC 在国外已经商业化，不在投入资金进行研发，主要是技术引进	研究较晚，始于 20 世纪 90 年代初，研究单位不多，研制水平处于初始阶段，单体电池阶段，性能达到国际 80 年代，即几 kW/1000h 的水平	国内总体研制水平较低，大都处于 SOFC 部件研究阶段

第六节　电池配套系统

图 2-39 为典型钠硫储能系统的结构图。可以看出，储能系统的核心是高性能的储能电池，但是要充分发挥储能电池的潜力，并且保证其安全运行，同时需要有电池管理系统（Battery Management System，BMS）和能量转换系统（power conversion system，PCS）的配合。

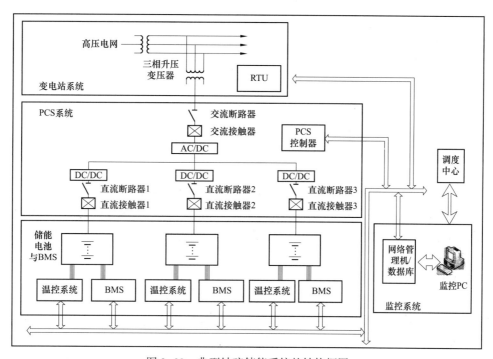

图 2-39　典型钠硫储能系统的结构框图

一、电池管理系统

BMS 一般是整体系统中的一个子系统，广泛应用于工业生产的各个环节。BMS 通过对蓄电池组的各种参数（单体或模块电池电压、温度、电流等）进行实时在线测量，在此基础上进行电池荷电状态（SOC）的实时在线估算，同时实施必要的控制。BMS通过监控和管理蓄电池，防止电池出现过充电和过放电，使电池始终保持在最佳工作状态，最大限度延长电池寿命，并将电池信息传输给相关子系统，为系统整体决策提供判断依据。

1. BMS的构成

图2-40为BMS的结构图。可以看出，BMS由多个功能单元组成，不同单元之间彼此互相协调，有机地组合在一起。其中，电池测量及传感单元对电池的电压、电流、温度等

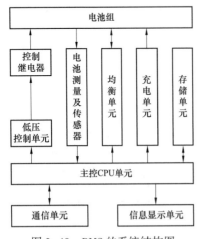

图2-40　BMS的系统结构图

进行测量或传感，并将数据传递给主控CPU单元，主控CPU单元对数据处理后分析电池的安全状态和能量状态，并根据电池的状态及动力要求对电池的安全和能量予以管理和控制。同时，主控CPU单元还将根据电池的状态提示是否需要对电池进行充电和均衡的维护，并控制充电和均衡的过程。存储单元用来存储电池的电量、故障原因、循环寿命、使用历史等重要的信息。通信单元用于系统内部和系统之间的信息交互。信息显示单元用于系统的调试和电池信息的监视与查询。

2. BMS分类

BMS从结构上可以分为分布式和集中式两种方案，分别适用于不同电池结构形式。

分布式BMS在中央处理器（电池综合管理器）总的控制下，使用多个控制单元分别实现BMS所需的各种功能，如数据采集、均衡充电、电量估计及通信显示灯；各个控制单元通过CAN总线进行数据通信，实现单个电池及电池组模块电压、总电压、充放电电流、温度等数据的采集和测量、电量估算；同时，分布式BMS具有很强的扩展性，可以进行具体电池诊断和电池安全性能保护等功能扩展。

集中式BMS将电池信息测量与采样模块和主控制模块集中在一起，通过设计多路控制选择开关分时完成对单个电池及电池组数据采集和测量，然后在数据处理模块中进行数据加工和处理，用电量估算等；集中式电池管理系统具有能量高、可靠性高的特点，但是可扩展性不强。

3. BMS在储能系统中的应用

BMS的核心设备为储能电池及其管理系统和能量转换系统，电池管理系统关系着电池本体的安全、稳定、可靠运行。其主要作用有以下几点：

（1）估算电池的荷电状态（state of charge，SOC）。充放电过程中在线实时检测电池容量，随时给出电池系统的剩余容量，将电池SOC的工作范围控制在30%~80%。SOC是防止电池过充和过放的主要依据。

（2）过流、过压、温度保护。当电池系统出现过流、过压、均压和温度超标时，能自动切断电池充放电回路，并通知管理系统发出示警信号。

（3）自动充电控制。当电池的荷电量不足45%时，根据当前电压，对充电电流提出要

求，当达到或超过 70% 的荷电量时停止充电。

（4）充电均衡。在充电过程中，通过调整单节电池充电电流方式，保证系统内所有电池的电池端电压在每一刻都具有良好的一致性。

（5）自检报警。自动检测电池功能是否正常，及时对电池有效性进行判断，若发现系统中有电池失效或将要失效或与其他电池不一致性增大时，则通知管理系统发出警示信号。

（6）通信功能。采用（controller area network，CAN）总线的方式与整体管理系统进行通信。

（7）参数设置。可以设置系统运行的各种参数。

（8）上位机管理系统。电池管理系统设计了相应的上位机管理系统，可以通过串口读取实时数据。可实现 BMS 数据监控、数据转储和电池性能分析等功能，数据可灵活接口监视器、充电机、警报器、变频器、功率开关、继电开关等，并可与这些设备联动运行。

二、能量转换系统

PCS 是储能系统的一个重要组成部分，起着电池储能系统直流电流与交流电网之间的双向能量传递作用，目前在太阳能、风能等可再生能源发电中已经有了广泛的应用。

1. PCS 的工作原理

用于储能系统的 PCS 与光伏逆变器和风电变流器不同，光伏逆变器中，电能是从电池板到电网的单向流动，风电变流器只保证输入输出功率平衡，用于储能系统的 PCS 既要与电池接口完成充放电管理，又要与电网接口实现并网功能。PCS 位于电网和储能电池之间，根据需要进行交流变电或直流变交流操作，从而实现对电池充电或对电网放电的功能。

2. PCS 的主要拓扑结构

（1）仅含 DC/AC 环节的 PCS。

仅含 DC/AC 环节的 PCS 拓扑结构如图 2-41 所示，在这种结构的 PCS 中，储能电池经过串并联后，直接连接 DC/AC 的直流端。储能电池系统充电时，双向 DC/AC 变流器工作在整流器状态，将系统侧交流电转换为直流电，将能量储存在储能电池中；储能电池系统放电时，双向 DC/AC 变流器工作在变流器状态，将储能电池释放的能量由直流转换为交流回馈外部系统。这种仅含 DC/AC 环节的 PCS 拓扑结构的优点是：适于电网中分布式独立电源并网，结构简单，PCS 环节能耗相对较低。该结构的主要缺点是：系统体积大，造价高；储能系统的容量选择缺乏灵活性；电网侧发生短路故障有可能在 PCS 直流侧产生短时大电流，对电池系统产生较大冲击等。

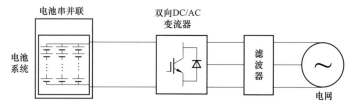

图 2-41　仅含 DC/AC 环节的 PCS 拓扑结构图

仅包含 DC/AC 环节的 PCS 的另外一种拓扑结构如图 2-42 所示，为仅含 DC/AC 环节的共交流侧变流器拓扑结构。这种拓扑结构的扩容方式是多组电池组分别经过各自的 DC/AC 环节后再并联，并联后经过滤波器滤波后并网。

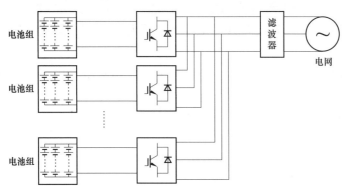

图 2-42　仅含 DC/AC 环节的共交流侧变流器拓扑结构

（2）包含 DC/DC 和 DC/AC 环节的 PCS。

电池储能系统中最常见的 PCS 拓扑结构为含 DC/DC 和 DC/AC 环节的变流器拓扑结构，如图 2-43 所示。双向 DC/DC 环节主要是进行升、降压变换，提供稳定的直流电压。储能电池充电时，双向 DC/AC 变流器工作在整流状态，将电网侧交流电压整流为直流电压，该电压经双向 DC/D C 变换器降压得到储能电池充电电压；储能电池放电时，双向 DC/AC 变流器工作在逆变状态，双向 DC/DC 变换器升压向 DC/AC 变流器提供直流侧输入侧电压，经变流器输 出合适的交流电压。

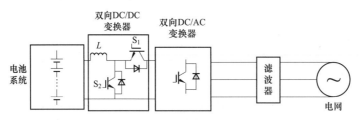

图 2-43　含 DC/DC 与 DC/AC 环节的变流器拓扑结构

这种含 DC/DC 和 DC/AC 环节的 PCS 拓扑结构的主要优点是适应性强，可实现对多串并联的电池模块的充放电管理；由于 DC/DC 环节可实现直流电压的升降，使得储能电池的容量配置更加灵活；适于配合风电、光伏等间歇性、波动性比较强的分布式电源的接入，抑制其直接并网可能带来电压波动。主要缺点是由于存在 DC/DC 环节，使得整个 PCS 系统的能量转换效率有所降低；大容量 PCS 的 DC/DC 与 DC/AC 环节的开关频率、容量及协调配合关系复杂。

除图 2-43 所示拓扑结构外，包含 DC/DC 和 DC/AC 环节的 PCS 拓扑结构还有 2 种，如图 2-44 所示。图 2-44（a）是包含 DC/DC 环节的共直流侧变流器的拓扑结构，这种结构的扩容方式是，多组储能电池组分别经过各自的 DC/DC 环节后并联，再共用 1 个 DC/AC 环节，然后经滤波器滤波后并网。图 2-44（b）是包含 DC/DC 环节的共交流侧变流器的拓扑结构，这种结构的扩容方式是多组电池组分别经过各自的 DC/DC 和 DC/AC 环节后再并联，并联后经过滤波器滤波后并网。

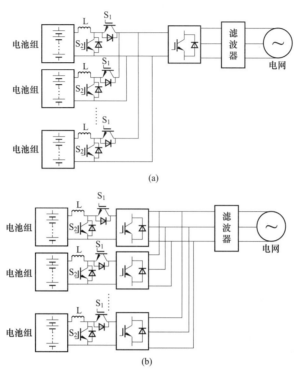

图 2-44　含 DC/DC 与 DC/AC 环节的变流器并联拓扑结构

(a) 共直流侧；(b) 共交流侧

与图 2-43 所示拓扑结构相比，图 2-44 所示拓扑结构的优点是：采用模块化连接方式，配置更加灵活；通过并联 DC/DC 变换器达到系统容量需求，避免多组储能电池的并联，降低了整个系统对储能电池电压特性的要求；当个别储能电池组或并联变换器出现故障时，储能系统仍可正常工作，提高了整个储能系统稳定性；减小了对单个电力电子器件功率等级的要求。但是这 2 种结构不足之处是增加了器件个数，使控制系统设计更加复杂。

3. 能量转换系统在储能系统中的作用

在电池储能系统中，PCS 的成本占到整个系统成本的 10%以上，是不可缺少的关键设备，其作用主要有以下几点：

(1) 电能质量管理。通过实时监控电网电压状态，提供动态有功和无功支持，解决诸多电能质量问题，如电压波动、突升、突降等。

(2) 削峰填谷。通过控制储能系统在晚间电价低的时候充电，白天电价高的时候为负荷供电，实现削峰填谷的功能。

(3) 紧急备用。帮助储能系统实现旋转备用，以及在电网故障时实现紧急备用功能。

(4) 储能系统并网/孤网切换。当交流侧电网故障时，帮助储能系统切换到孤岛运行模式，在电网故障消除后，再自动并网。

第七节　应用于电力系统的电化学储能技术比较

因为电化学类储能具有转换效率高、能量高密度化和应用低成本化等优点，正在成为大规模储能系统应用和示范的主要形式，在全球范围内已有不少的实际工程项目成功应用于电力系统的各个领域，对解决可再生能源发电并网，改善电力系统的稳定性，提高供电质量提供了新的思路和有效的技术支持。因此，世界各国，特别是发达国家，都在积极开展这方面的研究。

但电化学类储能也存在一些问题，从电化学类储能电池本身来看，不同类型电池在功率、能量方面的性能各有侧重，相比于诸多其他储能类型，电池储能功能定位需要明确，要深入研究其在不同功能应用中的适用性并进行相关示范测试。而且电力系统的复杂环境使得单一的储能技术很难满足所有的要求，目前还没有哪一种电化学储能技术能同时满足能量密度、功率密度、储能效率、使用寿命、环境特性以及成本性能等大规模应用的条件，在电力系统的实际应用中，必须根据实际要求，研究不同类型电池间、电池与其他储能介质间的组合运行，提高电池的功率性能和循环寿命。将不同的电化学储能技术结合使用，充分发挥各种储能技术的特点，使其优势互补，从而提高储能系统的灵活实用性和技术经济性。因此，未来大规模多类型混合储能系统有望在电力系统中得到大力的推广和发展。

图2-45为几种电池储能技术经济指标现状与目标值对比。从图中可以看出各类电池在不同经济指标下评估各有优势。钒液流电池在循环寿命、平准化度电成本（Levelized Cost of Energy，LCOE）两个指标表现较优。炭铅电池、锂离子电池、钠硫电池和铅酸电池在循环效率方面更具优势，铅酸电池则在其余几种电池表现不佳的容量成本方面有较突出的优势。

表2-11为几类面向电网的储能电池的主要参数。铅酸电池技术成熟且成本较低，一直占据电力系统电池储能技术应用的主导地位，不过由于能量密度低以及循环寿命短等问题，目前已没有相关新增应用工程。钠硫电池在最近20年发展迅猛，具有能量密度高、循环寿命长等优点、已在日本和美国有大量的实际工程应用。液流电池在21世纪初逐步实现商业化生产，具有能够100%深度放电和可通过提高电解质的浓度实现增加电池容量等优点。但目前液流电池的能量密度较低，单位造价昂贵，制约了其大规模发展。锂电池是目前最具发展前景的大容量储能电池，也是能量密度和综合循环效率最高的储能电池，

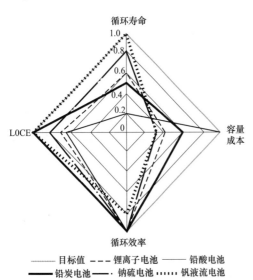

图2-45　电池储能技术经济指标与目标值对比

但是锂电池储能技术在电力系统中的实际应用较少，在推广应用前仍需经历长期的安全性和可靠性的运行检验。

表 2-11   几类面向电网的储能电池的主要参数

电池种类	成熟程度	容量（MWh）	功率（MW）	效率（%）	寿命（周期）	储能成本	
						功率成本（美元/kW）	能量成本（美元/kWh）
改性铅酸电池	示范	3.2~48	1~12	75~90	4500	2000~4600	625~1150
钠硫电池	商业化	7.2	1	75	4500	3200~4000	445~555
全钒液流电池	示范	4~40	1~10	65~70	>10 000	3000~3310	750~830
锌溴液流电池	示范	5~50	1~10	60~65	>10 000	1670~2015	340~1350
铁镉液流电池	实验	4	1	75	>10 000	1200~1600	300~400
锂离子电池	示范	4~24	1~10	90~94	4500	1800~4100	900~1700

参 考 文 献

[1] 蒋凯，李浩秒，李威，等. 几类面向电网的储能电池介绍 [J]. 电力系统自动化，2013，37（1）：47-53.

[2] 张利中，赵书奇，廖强强，等. 国内外电池储能技术的应用及发展现状 [J]. 上海电力，2015，10：519-523.

[3] 杰西·罗曼，郁振山. 储能电池的喜与忧 [J]. 现代职业安全，2016，7：90-93.

[4] 郝亮，朱佳佳，丁兵，等. 电化学储能材料与技术研究进展 [J]. 南京航天航空大学学报，2015，47（5）：650-658.

[5] 解海宁. 电化学储能方式及储能材料综合分析 [J]. 智能电网，2014，2（7）：4-8.

[6] 许斌. 铅酸电池结构工艺改进及性能研究 [D]. 杭州：浙江工业大学，2015.

[7] 陈红雨. 国外铅蓄电池研究进展 [J]. 蓄电池，2000，3：28-30.

[8] 柴树松. 铅蓄电池的研究进展 [J]. 电池工业，2006，11（2）：112-117.

[9] 陈绪杰. 超级铅酸电池负极用炭材料的改性及电化学性能研究 [D]. 中南大学，2011.

[10] 张娟. 铅酸电池储能系统建模与应用研究 [D]. 长沙：湖南大学，2013.

[11] 苏伟，等. 化学储能技术及其在电力系统中的应用 [M]. 北京：科学出版社，2013. 8.

[12] 乔瑜. 浅谈高性能锂电池材料的应用趋势 [J]. 世界有色金属，2016，4：80-81.

[13] 马璨，吕迎春，李泓. 锂离子电池基础科学问题（Ⅶ）——正极材料 [J]. 储能科学与技术，2014，3（1）：53-65.

[14] 罗飞, 褚赓, 黄杰. 锂离子电池基础科学问题（Ⅷ）——负极材料 [J]. 储能科学与技术, 2014, 3（1）: 146-163.

[15] 郑浩, 高健, 王少飞, 等. 锂电池基础科学问题（Ⅵ）——离子在固体中的输运 [J]. 储能科学与技术, 2013, 2（6）: 620-635.

[16] 邓永清, 滕永霞. 锂电在电动汽车中的应用 [J]. 科技创新与应用, 2016, 24: 135.

[17] 李林德. 全钒液流电池钒电解液及电极材料研究 [D]. 昆明: 昆明理工大学, 2006.

[18] 杨霖霖, 廖文俊, 苏青, 等. 全钒液流电池技术发展现状 [J]. 储能科学与技术, 2013, 2（2）: 140-145.

[19] 张华民, 王晓丽. 全钒液流电池技术最新研究进展 [J]. 储能科学与技术, 2013, 2（3）: 281-288.

[20] 陈勇. 全钒液流电池电解液的研究 [D]. 长沙: 中南大学, 2014.

[21] 董全峰, 金明钢, 郑明森, 等. 液流电池研究进展 [J]. 电化学, 2005, 11（3）: 237-243.

[22] 张宇, 张华民. 电力系统储能及全钒液流电池的应用进展 [J]. 新能源进展, 2013, 1（1）: 106-113.

[23] 王振文, 刘文华. 钠硫电池储能系统在电力系统中的应用 [J]. 中国科技信息, 2006, 13: 41-44.

[24] 袁智强, 张征, 祝达康. 钠硫电池储能系统在上海电网的应用研究 [J]. 供用电, 2010, 3: 1-4.

[25] 孙丙香, 姜久春, 时玮, 等. 钠硫电池储能应用现状研究 [J]. 现代电力, 2010, 27（6）: 5-8.

[26] 邱广玮, 刘平, 曾乐才, 等. 钠硫电池发展现状 [J]. 材料导报 A, 2011, 25（11）: 34-38.

[27] 温兆银, 俞国勤, 顾中华. 中国钠硫电池技术的发展与现状概述 [J]. 供用电, 2010, 27（6）: 25-28.

[28] 张莉莉. 钠硫电池固体电解质 $Na-\beta''-Al_2O_3$ 的制备研究 [D]. 湖北: 华中科技大学, 2007.

[29] 杨平, 谢小荣. 燃料电池发电技术现状及其在电力系统中的应用前景 [J]. 内蒙古科技与经济, 2012, 24: 135-139.

[30] 李瑛, 王林山. 燃料电池 [M]. 北京: 冶金工业出版社, 2000.

[31] 靳智平. 燃料电池发电技术在我国电力系统的应用 [J]. 电力学报, 2004, 19（1）: 4-7.

[32] 金科. 燃料电池供电系统的研究 [D]. 南京: 南京航空航天大学, 2006.

第三章 储能电池在发电侧的应用

随着全球能源危机的不断扩大，可再生能源发电技术受到了广泛的关注，大规模风力发电和太阳能发电并入电网已成为电力系统发展的趋势，但是这些技术发出的电能具有显著的随机性和波动性，并网运行时将对电网产生冲击，影响系统稳定性。为保证这些新能源可靠供电，附加储能装置对其进行缓冲，可有效削弱新能源对电网的冲击，以提高大容量风电场或光伏电站接入能力，提升分布式发电和微电网的可控性和可调性，促进可再生能源开发和利用。另一方面，随着我国大力推广新能源发电，大型的风力发电企业和光伏发电企业不断投建，弃风和弃光的问题也越来越严峻，仅2016年第一季度，我国弃风电量同比增长85亿kWh，弃光情况在光伏产业中同样非常严重。为了充分利用风力发电和光伏发电的潜力，在风力电场和光伏发电场建立大规模的储能站，用电低峰期将电能储存到储能站中，用电高峰时又通过储能站放电来进行补充，可以有效减少弃风和弃光现象，提高可再生能源发电的经济效益。

第一节 可再生能源发电发展与其并网的特点

一、风力发电及其并网特点

风力发电技术作为较成熟的新型能源应用方式，节能环保，已在全世界范围内掀起了建设热潮，且产业化速度惊人，尤其在中国实现了"井喷式"发展，图3-1为我国风电装机容量和发电量。2017年，新增并网风电装机1503万kW，累计并网装机容量达到1.64亿kW，占全部发电装机容量的9.2%。风电年发电量3057亿kWh，占全部发电量的

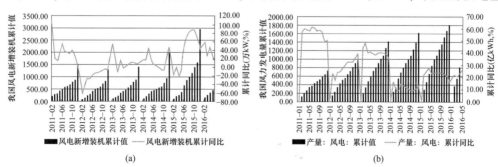

图3-1 我国风电装机容量和发电量

（a）风电装机容量；（b）风力发电量

4.8%，比重比 2016 年提高 0.7 个百分点。2017 年，全国风电平均利用小时数 1948h，同比增加 203h。全年弃风电量 419 亿 kWh，同比减少 78 亿 kWh，弃风限电形势大幅好转。

2017 年，全国风电平均利用小时数较高的地区是福建（2756h）、云南（2484h）、四川（2353h）和上海（2337h）。

2017 年，弃风率超过 10% 的地区是甘肃（弃风率 33%、弃风电量 92 亿 kWh），新疆（弃风率 29%、弃风电量 133 亿 kWh），吉林（弃风率 21%、弃风电量 23 亿 kWh），内蒙古（弃风率 15%、弃风电量 95 亿 kWh）和黑龙江（弃风率 14%、弃风电量 18 亿 kWh）。

风力发电在迅猛发展的同时也遇到一些技术问题。风力发电经历了最初的恒速恒频技术，发展到现在主流的变速恒频技术，这一技术的重大变革使风力发电机不拘泥于固定同步转速附近运行，而是根据风速变化运行在实现最大风能捕获控制所需的最优转速，这提高了风力发电的效率，达到了风能的最大利用。虽然变速恒频技术使得风力发电机组在性能上有了较大的改善，但也使风力发电输出功率随着风速变化——其波动性、间歇性和随机性，呈现的更加明显。风电并网后使得电网的潮流分布难以预测、控制和调度，增大电网调度部门的工作难度。在井喷式大规模风电并网发展的今天，大容量波动风电功率会使电网的功率供需严重失衡，电能质量明显下降，危及电网的稳定运行。所以风电输出功率的波动性、间歇性和随机性变得不容忽视，并将对整个电网系统有着恶劣的影响：

（1）对电网稳定性的影响。

电网的稳定运行是电力系统安全和稳定的最基本保证，但随着我国风电场建设数量增多和规模不断增大，风力发电机组在电网中的比重日益增加；与此同时，系统的备用容量显得捉襟见肘，难以平衡风电功率波动产生的冲击，进而使得整个电力系统的稳定性受到严重影响。风电功率的间歇性和波动性也使所接入电网的潮流分布和流向发生改变。电网中风电功率接入点附近的电压和联络线功率将会超出安全范围，严重时会导致系统震荡甚至电压崩溃；同时电网的继电保护装置会误动作导致停电。因此，不稳定的风电功率对电网的稳定有着严重的不良影响。

提高电力系统稳定性的根本措施在于改进系统的瞬时功率平衡水平，储能系统能够响应有功及无功功率需求，改善系统的瞬时功率平衡水平，增强运行的稳定性。因此，增强风电并网系统的稳定性需要配备具有快速响应能力的储能系统，能够快速响应系统稳定性运行的要求，补偿功率差额。但是，由于风电出力本身的不确定性，基于历史出力数据的储能系统合理配置及适当的控制策略成为研究的关键问题。

（2）对电能质量的影响。

风电功率随着风速的波动而变化，风速极端变化将会引起大量风电机组输出功率发生变化甚至频繁起停。这使系统的有功功率频繁变化，导致电网频率的波动，对电网中频率敏感负荷产生不利影响。由于风力发电设备大量引入了电力电子装置，尤其是现在风力发电的两大机型永磁同步发电机（Permanent Magnet Synchronous Generator，PMSG）和双馈感应异步发电机（Double-Fed Induction Generator，DFIG），它们的功率控制都依赖于电力电子装置。如果设计不当，将会给电网注入大量的谐波，给系统带来了谐波污染，当谐波含量较大时将会出现电力系统重要电气量难以接受的畸变，给控制系统的信号采集带来了干扰，并引发由此带来的相关问题。

（3）对电网发电计划和调度的影响。

风能的间歇性、波动性和不可预知性，给电网制定发电计划、运行方式以及调度带来了困难。传统发电计划的制定依赖于对负荷的准确预测和发电机组有功出力的可靠性，可是风力发电的输出功率呈现随机波动的不可靠性，使得制定发电计划变得困难。如果把风力发电的输出功率看成负的负荷，其值变化频繁、难以准确预测。风电并网发电和其他常规机组相同都受到调度控制，由于风电给发电计划制定带来的不准确，必然增加了调度员实时调节的工作量；又因为电网热备用是有限的，这又给电网调度带来了难度。并且，目前在我国风电场大规模集中接入电网，电网的网架又不够坚强，经受不起大功率的扰动，调度有时就会被迫限制风电，这又不利于风电的利用。国家电网也对风电接入电网做了相关规定，在满足并网条件下允许调度控制其并网。

综合上述，由于风能本身的随机性和波动性，风电出力表现出很大程度的波动性和不确定性；同时风能的不可控使得风电具有弱致稳性和弱抗扰性。在我国风电大规模开发、远距离输送的模式下，风电出力的上述特性对电力系统的供电充裕性和运行稳定性的影响更为严重；此外，电网薄弱地区的电压稳定性问题和有功备用不足电网的频率稳定问题也值得关注。风速的随机变化和风机本身特性，以及风电系统中电力电子器件应用，带来电压暂降、谐波等电能质量问题。风电机组的低电压穿越（Low Voltageride-through，LVRT）问题也值得关注，故障发生时，若风电机组大规模同时从系统解列，可能导致连锁反应，严重影响电网的安全运行。

二、光伏发电及其并网特点

伴随着光伏发电技术的出现，极大地促进了发电技术的改革。光伏发电技术作为一种新兴的发电技术，具备高校、无污染的特性，因此我国光伏发电产业的发展也进入了快车道。我国 2017 年共安装了 52.83GW 的太阳能新产能，比 2016 年增长 53.6%。全国弃光电量 73 亿 kWh，弃光率 6%，比 2016 年下降 4.3 个百分点。

光伏发电在原理上不同于其他的发电技术，该技术主要依靠太阳光照射光伏元件，进而在光生伏打效应作用下，使得电荷发生聚集现象，继而产生电动势，最终实现转换成电能的全过程。通常光伏系统主要有以下几个元素组成：太阳能电池方阵、控制器、直流配电柜、逆变器、交流配电柜等，如图 3-2 所示。

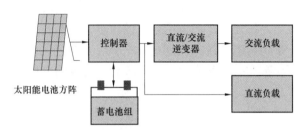

图 3-2 光伏发电系统的结构图

其中不同的组成部分发挥的作用不尽相同，在光伏发电系统中，逆变器和太阳能电池方阵是最主要的组成部分。太阳能电池方阵主要依靠串联的方式，将太阳能电池组件组成在一起，从而使得电压足够大，符合输出的要求。光伏发电技术主要特点是变化较快，主要是由于容易受到温度以及光照等因素的影响，如果外界的光照以及温度发生较大的变化，就会直接影响光伏发电的效率，同时，该技术输出的电是直流电，只有将直流电转变为交频电流才可以正常使用。随着我国科技水平的不断提高，我国光伏发电技术取得了快速进步，同时在实际并网大电网中已经取得了很好的应用效果，光伏发电大规模接入公共电网后，其出力的波动性使得电网常规的调度及控制策略难以适应，电网自身的运行调整与控制能力被削弱，给电网安全稳定运行带来新问题。主要存在的问题如下：

(1) 雷击的影响。

由于光伏发电系统通常在室外，因此容易遭到雷击的影响，主要原因是：在雷云的表面上存在很多的负电荷，这些负电荷就会与电缆以及支架之间产生感应，进而产生高电压，当遇到闪电穿过这个空间之后，就会由于电磁作用，产生较高的感应电流，而在一些光伏发电系统上如果没有避雷设施，就会由于安全距离较短，给光伏发电系统造成很大的破坏，甚至给大电网造成很大的破坏，影响了居民企业的正常用电，给企业带来很大的经济损失。

(2) 对大电网运行的影响。

与传统的发电方式不同，光伏发电系统具有自身独特的特点，因此，在对大电网的运行上产生的影响还应该深入研究。虽然在单个接入点上的功率较小，但是这些接入点还具有一定的特点，且存在一定的分散性。然而当光伏发电系统在大规模的接入大电网之后，由于两者之间的相互作用，且相互作用的方式还十分复杂，进而就会影响大电网的正常运行。

(3) 控制电网运行方式改变。

光伏发电系统在实际发电过程中，由于还存在一定的不确定性，这样就在大电网实际运行过程中，就会增加了电网负荷预测的难度，增大了控制断面交换功率的难度。由于光伏发电系统在接入大电网时，存在很多的接入点，这些接入点的规模较小且十分分散，这样在实际电源协调控制过程中，就会产生很大的难度。因此，当光伏发电系统并网大电网过程中，就会削弱了对电网的控制力度。

(4) 新型配电系统的规划。

当光伏发电系统并网大电网后，就会对配电系带来一定的影响，就会改变原来的功能。原来只是将电能进行分配，现在还会进行电能的收集、运输以及分配，是一种综合的电力交换装置。光伏发电系统还会影响电网运行的质量，如给电压带来一定的波动、谐波污染等，因此，在进行新型配电系统的规划过程中，需要进行充分的考虑，应该在方法和思路上进行一定的创新，分布式光伏发电接入系统会对母线的电压、电流等产生一定的影响，甚至影响配网系统的正常运行。

(5) 对电网控制和保护设备的影响。

当在光伏发电系统并网大电网过程中，就会给配网的控制和保护设备带来很大的影响，光伏发电作为一种新型的发现模式，其原理以及发电过程上和传统的发电技术有很大的差别，因此，在进行并网大电网之后，就会带来一系列的问题，进而影响电网的保护装置，直接影响着电力系统的正常运行。

对风力发电和光伏发电并网特性的综合分析，可以得出新能源出力缺乏可控性是根本原因，风电、光伏等出力的波动性和不确定性使得电力系统的稳定运行面临严峻的挑战。对新能源发电出力进行有效控制，改善出力特性，将其变为可调度的电源，成为解决上述问题的关键。储能作为能量的转换手段，提供了能量高效利用和灵活转换的方式，可以在一定程度上改善可再生能源电源的出力特性，为新能源大规模并网问题的解决提供了途径。

第二节 储能电池与可再生能源发电并网

储能部分对于可再生能源发电系统的稳定运行起着至关重要的作用，主要作用是：①储存能量。由于风能和太阳能都具有间歇性和受天气影响大的特点，这就需要在储能装置在风力较大和阳光充足时，将过剩的能量储存起来，当风能和太阳能不足以满足负荷需求时，储能装置可以持续地给系统供电。②滤波作用。如果将光伏阵列及风机直接连接负载，光伏阵列受温度及光照强度的影响及风机受风能变化影响均较大，这将导致系统输出的电压、电流不稳定，负载不能正常工作，而储能装置则可保证负载运行在一个稳定可靠的工作区间。

一、电池与削峰填谷

电力系统削峰填谷的方法主要分为两大类，一是用户侧的经济类方法，二是电网侧的技术类方法。经济类方法中比较常见的峰谷分时电价等，技术类方法中抽水蓄能电站应用最早，技术也最为成熟。两类方法即可单独使用，也可相互补充、配合使用。当用技术手段进行削峰时，可采用峰谷分时电价带来的收益作为评价削峰填谷效果的指标。新型储能技术在近几年发展迅速，广泛地应用于电力系统的各个领域，如提高电能质量、保证电为系统稳定性、平抑风光出力波动等。新型储能技术在上述领域的研究已十分丰富，其主要应用对象为风光等具有很强波动性、间歇性化可再生能源以及微网。这一系列的研究为控制储能系统出力、评价储能系统的经济性提供理论依据，并且已有一定的实践基础，如国家电网建立的风光储示范性工程，南方电网建立的储能电站示范性工程。但在削峰填谷方面的应用还较少，研究尚处于起步阶段，主要体现在削峰填谷效果的评价函数还不明确、所建立的优化数学模型中目标函数缺少系统性的评价、求解优化模型的优化算法研究较少、以及没有考虑储能成本的影响。

国外新能源发电厂采用电池储能技术进行削峰填谷已经有了一定的应用。在美国加州因为光伏的快速发展和峰谷特性，造成在光伏出力高峰（如一天的中午）时常规电厂发电越来越少，到了晚上又要完全承担平抑"鸭子形"问题（见图3-3）。储能技术的发展可以填平鸭肚子，削去鸭头，使常规电厂平滑出力，大力增加整个系统的经济性。因此，CPUC要求三大公共电力公司到2020年建立至少1325MW的储能设施。

二、电池储能应对发电侧电压波动

风电或光伏在发电过程中，由于风力大小的变化或日照强度的变化，会造成输出功率

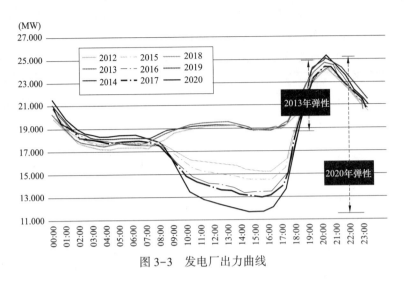

图 3-3　发电厂出力曲线

出现短时的波动。爬坡率控制指的是通过一定的技术手段减少风电在短时内输出功率的波动，从而降低电网的调峰压力，保证电网的安全稳定运行。相对于削峰填谷，爬坡率控制时间较短，变化更为频繁。对风电和光伏发电实施爬坡率控制，主要作用在于使风电或光伏的输出变得连续，降低其输出的爬坡率，降低备用机组容量，减少电网的负荷跟踪压力。

使用储能设备，通过频繁的充放电进行爬坡率控制，一方面可以更多地利用风力富裕时段的风力发电，增加风电的利用率；另一方面，对于其他火电机组，可减少机组因调峰操作带来的磨损、寿命减少以及维护成本，减少电网的频率、调峰压力。储能系统可以抑制电压波动、电压暂降等方面。改善电压波动、电压暂降等电能质量问题关键在于短时功率的动态补偿，需要储能系统具备毫秒级功率动态调节的能力，因此，需要选择功率密度较高的储能技术。可再生能源输出电压、频率可变，通过不可控整流设备、升压斩波电路连接共用直流母线，并网侧经并网逆变器接入无穷大系统。储能可采用电池或电容等设备，经升降压斩波电路并联接入共用直流母线。仿真电路原理如图 3-4 所示。

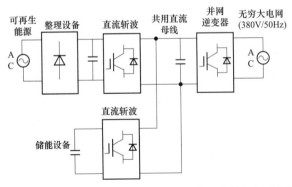

图 3-4　可再生能源发电并入电网的仿真电路单相原理框图

电源和接入电网都是三相系统，可再生能源发电的电压在 100~200V 间变化，频率为 50Hz，电网电压恒定为 380V/50Hz。分别选取电压突然增高和降低两个实力来分析电化学电池储能应对可再生能源电压变化的应对机制。

（一）电源侧电压突增

图 3-5 为可再生能源电压突增后电源端、直流稳压器端和大电网端的电压变化情况。图中（a）表示可再生能源电压先用 100V 送电，从 0.1s 开始电压突然升至 200V，维持 0.05s 后再恢复到 100V。在该条件下，可再生能源输出电压在 0.1~0.15s 之间电压升高为 200V，频率保持不变为 50Hz。图中（b）为直流稳压电容器的电压波形，可以看出：在可再生能源电压波动时，直流母线上的电压波动很小，多余的电能被储能系统吸收，从而不会影响到逆变器系统的运行状态，可保证负荷正常用电。图中（c）为电网侧线电压的波形，可看出：即使在 0.1~0.15s 之间可再生能源的电压发生了突变，由于储能系统起到平抑波动的作用，故交流侧不会受到影响。

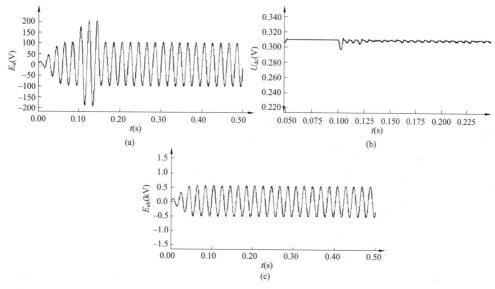

图 3-5　可再生能源电压突增时的情况

（a）电源端；（b）直流稳压器；（c）大电网端的电压情况

（二）电源侧电压突降

图 3-6 为可再生能源电压突降后电源端、直流稳压器端和大电网端的电压变化情况。图中（a）表示可再生能源先送出稳定功率（电压 100V），从 0.1s 开始电压降为 0V，即中断供电，维持 0.05s 后再恢复到 100V。在该条件下，可再生能源输出电压在 0.1~0.15s 之间电压降低为 0V，频率保持不变为 50Hz，其他时刻电压保持为 100V。图中（b）为直流稳压电容器的电压波形，可以看出：在可再生能源电压波动时，直流母线上的电压波动很小。当可再生能源不能提供电能时，储能系统能够为电网提供电能以保持电压稳定，如图中（c）所示，从而不会影响到逆变器系统的运行状态，可保证负荷正常用电。

由以上两个实例分析可看出，在可再生能源电压突然升高或降低时，只要控制好储能系统的充放电就可保持直流母线上电容电压的稳定，进而保持逆变器处于正常逆变状态，保障负荷的正常用电。

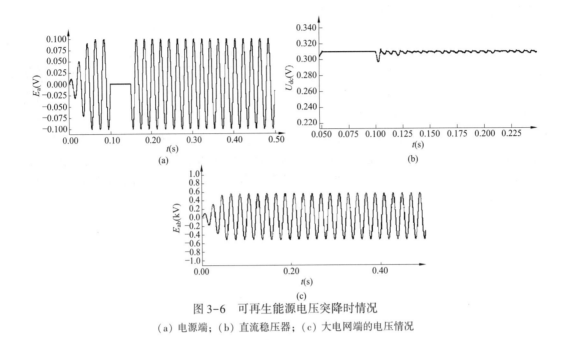

图 3-6　可再生能源电压突降时情况

（a）电源端；（b）直流稳压器；（c）大电网端的电压情况

三、储能系统优化配置和控制策略研究

储能系统在解决新能源并网的关键问题，提高电网对新能源发电的消纳能力等方面发挥着关键的作用。因此，为更好地发挥储能系统的作用，对其优化配置和控制策略等方面的深入研究显得尤为必要。

（一）储能系统的组成结构

储能系统有两种结构，可分别是单种储能形式和多种储能形式。对新能源并网功率进行控制的过程中，综合考虑系统成本、体积等因素，需要储能系统具有高功率和高能量密度、寿命长等特点。在风电和光伏等新能源发电大规模并网的系统中，两种储能结构均有应用；在小规模接入的微网中，由于新能源发电的间歇性要求储能单元具有高能量密度，同时，负荷的快速波动要求储能单元具有高功率密度，因此，由高功率密度和高能量密度的储能单元组成的复合储能系统在微网中有广阔的应用前景。对于复合储能系统中储能单元的选择，由于微网的功率波动通常在几兆瓦范围内，蓄电池、超级电容器和飞轮储能是比较合适的选择，而蓄电池和超级电容器分别属于高能量密度和高功率密度的储能单元，它们的组合是很合适的选择。

（二）储能系统的优化配置

鉴于储能系统在新能源发电并网中起到提高系统运行稳定性、改善电能质量、平抑功率波动等重要作用，可明显改善系统的经济性能和技术性能。因此，考虑储能系统的位置和容量，合理地对储能系统进行配置，使之在满足系统技术性能要求的同时，尽可能地提高经济性能，成为目前亟待解决的问题。储能系统的优化配置与新能源发电的运行特性、出力曲线以及电力系统运行数据等密切相关，对其优化配置的研究一般以新能源发电的出力曲线和负荷特性为基础，考虑系统技术性能和经济性能的要求，优化对象为含新能源发电的联合系统，图 3-7 为新能源并网中储能系统的优化配置框图。

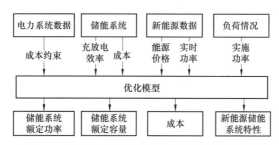

图 3-7　新能源并网中储能系统的优化配置框图

由于新能源出力固有的间歇性和波动性，加之出力预测误差的存在，使其无法具有类似传统发电形式的调度灵活性。因此，在新能源大规模并网的系统中，为积极响应电网调度，储能系统的应用主要集中在平抑出力波动和提高系统运行稳定性等场合。目前已有很多学者综合考虑系统的技术性能和经济性能进行研究，以并网新能源储能系统的净收益最大为目标，进行储能系统的优化配置，见式（3-1）：

$$\max F = \alpha P_{\mathrm{d}} - \beta P_{\mathrm{ess}} - \gamma E_{\mathrm{ess}} \tag{3-1}$$

式中：α 为新能源发电的单位上网电价；β、γ 分别为储能系统的功率、容量的初始投资在研究周期 T 内每小时内的摊销成本；P_{d} 为研究周期内新能源的并网功率；P_{ess}、E_{ess} 分别为储能系统的设计功率和设计容量。

国内外学者提出了一系列的储能系统优化配置模型：严干贵等学者基于负荷峰谷差改善指标，综合考虑储能系统经济效益和投资成本，以储能系统运行年限内的总收益最大为目标，构建了容量配置优化目标函数，提出用于松弛调峰瓶颈的大规模储能系统容量优化配置方法，以改善风电穿透率较高时系统的运行稳定性；张坤等学者综合考虑复合储能系统的技术和经济性能，建立了反映复合储能系统特性参数-风电功率平滑度、复合储能系统成本特性的长期数学模型，通过遗传算法进行优化，该方法适用于不同等级的任意风电场的复合储能系统容量配置的选定；冯江霞等学者以风电场等效输出功率方差和最小为技术指标，建立波动水平的置信度约束，保证风电场的功率波动在合理的范围，以储能系统投资和运行成本最小为目标进行优化；Nguyen 等学者在保证风场功率波动在合理范围的基础上，引入蓄电池寿命周期成本函数，进行功率的配置，实现其运行成本的最小化。

（三）储能系统的控制策略分析

储能系统配置完成后，设计准确高效的控制系统对于其补偿效果至关重要，而在其中，如何合理选择储能系统的控制信号和相应的控制策略，又成为控制系统的核心和关键。针对储能系统的不同应用场合，众多学者对其中的控制策略进行了研究，但是储能系统在新能源电力系统中的应用目标往往并不单一，关于其控制策略的选择涉及可行性、经济性和有效性等多个指标。多元复合储能系统的协调控制，风光储系统的联合协调控制等问题，仍将是研究的热点。

第三节 储能电池在发电端应用实例

储能技术在电力系统的应用涉及发输配用各个环节，在促进集中式和分布式可再生能源消纳领域的应用已备受关注。其中在集中式可再生能源领域应用的项目数、装机容量占比均最大，增长态势最明显，在分布式可再生能源领域应用的项目数占比增长速率较快。据不完全统计，近10年来，全球MW级以上规模的储能示范工程约190个，其中超过120个与电化学储能相关，主要储能类型项目数占比如图3-8所示。这些项目均以电池作为主要装置载体，采用的电池类型包括钠硫、液流、锂离子、铅酸等，国际上各示范工程对储能本体的选型表明现阶段电化学储能的技术基础积累优于其他类型的储能技术。从电化学储能装机容量方面分析，MW级储能项目中主要类型储能总装机增长趋势如图3-9所示：锂离子电池储能前期装机容量小，自2012年后，其装机容量得到大幅提升，在电池储能中位列最高。铅酸电池自2012年后处于停滞状态，钠硫装机容量在2011年之后位居第一，之后增长缓慢，从图中还可看出，在电化学储能示范项目中，以锂离子电池储能示范项目数、装机容量占比最高，达48%，增长幅度也最快，可以预见锂离子电池仍将是应用最广的电化学储能技术。目前，各种储能的技术发展水平各有不同，在集成功率等级、持续放电时间、能量转换效率、循环寿命、功率/能量密度及成本等方面均有差异。

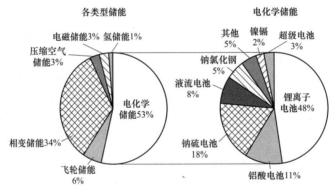

图3-8 近10年主要储能类型项目数占比

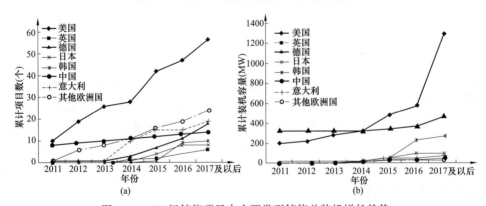

图3-9 MW级储能项目中主要类型储能总装机增长趋势

（a）MW级调频用储能项目数区域分布；（b）MW级调频用储能累计装机容量区域分布

一、储能型风电场

（一）锦州市北镇风电场

国电和风公司在辽宁锦州市北镇风电场开展了风电场大型混合化学储能示范项目，是亚洲最大的锂电池储能项目之一。国电北镇风电场风能资源丰富，已安装 1500kW 风力发电机组 66 台，装机容量为 99MW，风电场建有 66kV 升压站 1 座，储能项目建设在升压站旁，储能容量为 5MW×2h 磷酸铁锂电池+2MW×2h 全钒液流电池+1MW×2min 超级电容，该项目是目前国内电源侧投资建设的规模最大的混合电化学储能示范项目。

国电和风北镇储能系统主要配合风电场并网发电用，整个系统如图 3-10 所示，包括风力发电机、升压站、电池组、电池管理系统、逆变器以及相应的储能电站联合控制调度系统、功率预测系统等在内的发电系统。

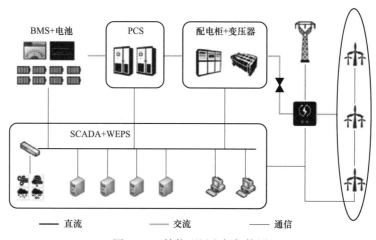

图 3-10　储能型风电场架构图

国电和风储能系统的主体设备部署在与风电场相邻的储能站内，其中锂离子电池系统采用常规户内布置方案，锂电池储能装置楼为二层结构，设有电池间、PCS 室、控制室、高压配电室、消防设备室；根据液流电池的特点将该系统布置在储能电池楼内，设置电池模块区、电解液储罐区、集液池、PCS&BMS 电气区，升压变压器布置在室外，采用箱式变压器；超级电容系统布置在超级电容室楼，设有电容室、PCS 室，升压变压器布置在室外，采用箱式变压器。另外，储能中央监控系统、功率预测系统、能量管理系统均布置在风电场综合办公楼中央机房，值班员站布置在风电场监控室内。储能系统接入风电场 35kV 母线，锂电池分 5 组，每组通过 1MW PCS 接入 35kV Ⅰ段；全钒液流电池通过 4 个 500kW 的 PCS 接入 35kV Ⅱ段，超级电容通过 1MW PCS 接入 35kV Ⅰ段，两段设计了联络开关，既可分段投入也可联合叠加作用。储能系统分两期建设，其中一期工程于 2014 年初开工，完成储能站、锂电池和液流电池安装调试后，同年底通过辽宁电网公司验收并网运行；二期工程于 2015 年 11 月完成超级电容装置的加装，也已正式投入示范运行。

国电和风储能型风电场在常规的风力发电运行的基础上，主要实现如下 4 项示范应用功能：

（1）出力平抑。

图 3-11 为北镇风电场的平抑效果统计，储能站的加入使风电场总出力波动得到了明显改善，图 3-12 为出力平抑曲线，最优输出波动<3%。

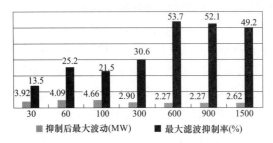

图 3-11 北镇风电场出力平抑统计表

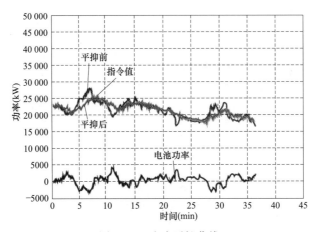

图 3-12 出力平抑曲线

（2）跟踪计划。

图 3-13 为风电场的跟踪计划曲线，可以看出，风电场跟踪计划曲线运行的能力得到较大改善。

（3）电网支撑。

能够根据调度指令向电网及时输出有功/无功，辅助电网安全稳定运行。

（4）削峰填谷。

能够在弃风限电时段存储少量电量，在非限电时段上网，获得更多发电收益。

图 3-14 为北镇风电场的储能系统采用三种储能介质。因为这些介质在储能特性上有所互补，因此在应用领域也有所区别。锂电池更多应用于跟踪计划曲线，而超级电容和液流电池更多用于出力平抑。

国电和风储能系统示范项目，从投资水平看，结合目前的峰谷电价差以及电池储能电站在示范项目阶段的容量，直接经济效益还无法达到电力行业基准收益率，但在技术验证、经验积累、团队打造、支持新能源的灵活接入等方面均有不小收获，具有较高的战略储备意义。表 3-1 为各类储能电池在风力发电场的一些典型应用。

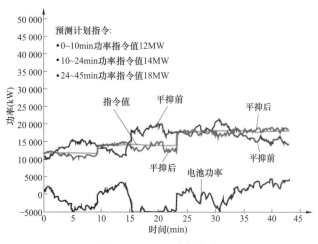

图 3-13　跟踪计划曲线

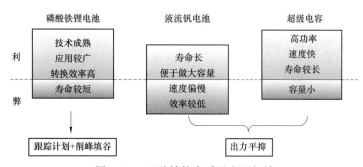

图 3-14　三种储能介质及应用领域

表 3-1　　　　　　　　　　　　　国内外风电场储能示范工程案例

项目地点	安装企业	时间（年）	作用	储能电池种类	储能规模
日本北海道札幌风电场	住友电工	2005	风/储并用系统	全钒液流电池	4MW/5（MW·h）
中国辽宁	大连融科储能技术发展有限公司	2012	风电场储能	全钒液流电池	5MW/10（MW·h）
澳洲金岛风场	加拿大 VRB	2004	风/储/柴联合供电	全钒液流电池	200kW/520（kW·h）
美国明尼苏达州	Minn 风能公司、NGK、NREL	2010	对风电进行有效时移，电网的电压支撑	钠硫电池	1MW/7.2（MW·h）
美国西弗吉尼亚州	AES 公司	2011	平抑 Laurel 风电出力，还为 PJM 公司提供调频服务	锂离子电池	32MW/8（MW·h）
日本六所村	东京电力、NGK	2008	平滑风电场出力	钠硫电池	34（MW）

（二）美国加州 Tehachapi 风电场锂离子电池储能系统

Tehachapi 风电场作为美国经济复苏与在投资计划（ARRAFP）中的智能电网储能示范项目之一，总投资约 5500 万美元，参与单位有加州国际标准组织、加州州立波莫纳分校和潘多拉咨询公司。目前，Tehachapi 风电场大约有 5000 台风电机，是世界上第二大风电机安装地，如图 3-15 所示。自 1999 年以来，Tehachapi 风电场的发电量在世界上局首位，到 2015 年累计发电规模达到 4500MW，每年发电量大约是 8 亿 kWh，可以满足 35 万户居民用电需求。

图 3-15　美国加州 Tehachapi 风电场和锂离子电池储能系统

Tehachapi 风电场的尖峰发电量约为 310MW，而并接线路的短路容量约为 560MW，是典型的较弱电网并接架构。当长距离的输电线满载时，电网将受到的冲击导致电压崩溃。LG 化学公司在 2013 年 5 月为 Tehachapi 风电场提供一套 8MW/32MWh 锂离子电池储能系统，这是美国迄今为止最大的电池储能系统，安装在 Monolith 变电站，以提高电网的稳定性。

（三）日本六所村风电场钠硫电池储能系统

日本青森县六所村的电容量较小，能承受的风电容量有限，且该地区的昼夜负荷相差很大。为了有效利用当地丰富的风能资源，满足风力发电的最大存储量，结合政府补贴政策的经济性，储能系统的容量按风力发电的 70% 进行配置。因此，日本青森县 51MW 风力发电场配置了 34MW 钠硫电池储能系统。该风储联合系统于 2008 年 8 月 1 日起向东京电力公司和日本电力交易所供电。

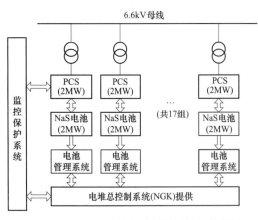

图 3-16　34MW 钠硫电池储能系统拓扑结构

图 3-16 可以看出，34MW 钠硫电池储能系统由 17 组 2MW 钠硫电池、17 组 2MW 储能变流器（PCS）、17 组电池管理系统（BMS）及一组电堆总控制系统、总监控保护系统组成，PCS 通过升压变接入 6.6kV 母线。其中，2MW 钠硫电池由 40 个 50kW 电池模块组成；每组电池管理系统进行电压、电流、温度和 SOC 的监测和采集，传输至电堆总控制系统，再集中送至总监控保护系统；PCS 在电网电压正常时，每

0.2s 接收总监控保护系统的调度，实现对电池的充放电控制。当电网电压异常波动时，PCS 作停机处理。

为保证钠硫电池储能系统具有 15 年的使用寿命，NGK 额外配置了一组 2MW 储能单元，与其他组电池每 2 年进行一次轮换使用，即可保证系统在其中一组单元发生故障时的正常运行。此外，NKG 公司可通过远程监控系统实时监测储能系统的运行状态，根据用户需求或经用户同意，定期对储能电池的参数进行修正。当系统发生故障时，能及时通知用户进行故障处理。

据长期运行数据表明，钠硫电池储能系统可满足平滑风场出力和削峰填谷的应用要求，并可同时实现两种功能。削峰填谷模式下，风电场根据前一天的发点数据做出第二天的出力计划曲线，钠硫电池按计划要求提供功率出力，以夜间充电、白天发电的模式运行。计划曲线和实际运行曲线的偏差控制在 ±（2%×40MW）范围内，储能电池的瞬间功率波动时间为 1~2s。

二、储能型光伏电场

图 3-17 为储能电站（系统）主要配合光伏并网发电应用方案示意图。整个系统是包括了光伏组件阵列、光伏控制器、电池组、电池管理系统（BMS）、逆变器及相应的储能电站联合控制调度系统等在内的发电系统。

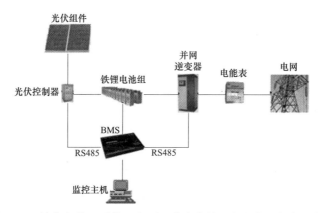

图 3-17　储能电站（系统）主要配合光伏并网发电应用方案示意图

光伏组件阵列利用太阳能电池板的光伏效应将光能转换为电能，然后对锂电池组充电，通过逆变器将直流电转换为交流电对负载进行供电。智能控制器根据日照强度及负载的变化，不断对蓄电池组的工作状态进行切换和调节：一方面把调整后的电能直接送往直流或交流负载；另一方面把多余的电能送往蓄电池组存储。发电量不能满足负载需要时，控制器把蓄电池的电能送往负载，保证了整个系统工作的连续性和稳定性。并网逆变系统由几台逆变器组成，把蓄电池中的直流电变成标准的 380V 市电接入用户侧低压电网或经升压变压器送入高压电网。锂电池组在系统中同时起到能量调节和平衡负载两大作用。它将光伏发电系统输出的电能转化为化学能储存起来，以备供电不足时使用。

作为配合光伏发电接入，实现削峰填谷、负荷补偿，提高电能质量应用的储能电站，储能电池是非常重要的一个部件，必须满足以下要求：容易实现多方式组合，满足较高的工作电压和较大工作电流；电池容量和性能的可检测和可诊断，使控制系统可在预知电池容量和性能的情况下实现对电站负荷的调度控制；高安全性、可靠性：在正常使用情况下，电池正常使用寿命不低于 15 年；在极限情况下，即使发生故障也在受控范围，不应该发生爆炸、燃烧等危及电站安全运行的故障；具有良好的快速响应和大倍率充放电能力，一般要求 5~10 倍的充放电能力；较高的充放电转换效率；易于安装和维护；具有较好的环境适应性，较宽的工作温度范围。表 3-2 为几种电池的性能比较。

表 3-2	几种电池的性能比较			
性能	钠硫电池	全钒液流电池	磷酸铁锂电池	阀控铅酸电池
现有应用规模等级	100kW~34MW	5kW~6MW	1kW~1MW	1kW~1MW
比较适合的应用场合	大规模削峰填谷、平抑可再生能源发电波动	大规模削峰填谷、平抑可再生能源发电波动	可选择功率型或能量型，使用范围广泛	大规模削峰填谷、平抑可再生能源发电波动
安全性	不可过充电：钠、硫的渗透，存在潜在安全隐患	安全	需要单体监控，安全性能已经有较大突破	安全性能可以接受，但废旧铅酸电池严重污染土壤和水源
能量密度（Wh/kg）	100~700	—	120~150	30~50
倍率特性	5~10C	1.5C	5~15C	0.1~1C
转换效率（%）	>95	>70	>95	>80
寿命	>2500 次	>15 000 次	>2000 次	>300 次
成本（元/kWh）	23 000	15 000	3000	700
资源和环保	资源丰富，存在一定的环境风险	资源丰富	资源丰富，环境友好	资源丰富，存在一定的环境风险
MW 级系统占地（m²/MW）	150~200	800~1500	100~150	150~200
关注点	安全、一致性、成本	可靠性、成熟型	一致性	一致性，寿命

从初始投资成本来看，锂离子电池有较强的竞争力，钠硫电池和全钒液流电池未形成产业化，供应渠道受限，较昂贵。从运营和维护成本来看，钠硫需要持续供热，全钒液流电池需要泵进行流体控制，增加了运营成本，而锂电池相对于其他几种电池维护成本更低。根据国内外储能电站应用现状和电池特点，建议储能电站电池选型主要为磷酸铁锂电池。不建议使用铅酸电池的原因是电池寿命问题，大品牌铅酸蓄电池在频繁充放电的情况下大约只有 2.5~3 年的寿命，锂电池的寿命会长很多。

在储能电站中，储能电池往往由几十串甚至几百串以上的电池组构成。由于电池在生产过程和使用过程中，会造成电池内阻、电压、容量等参数的不一致。这种差异表现为电池组充满或放完时串联电芯之间的电压不相同或能量的不相同。这种情况会导致部分过充，而在放电过程中电压过低的电芯有可能被过放，从而使电池组的离散性明显增加，使用时更容易发生过充和过放现象，整体容量急剧下降，整个电池组表现出来的容量为电池组中性能最差的电池芯的容量，最终导致电池组提前失效。因此，对于磷酸铁锂电池组而言，均衡保护电路是必须的。当然，锂电池的电池管理系统不仅仅是电池的均衡保护，还有更多的如下要求以保证锂电池储能系统稳定可靠的运行。

（1）单体电池电压均衡功能。此功能是为了修正串联电池组中由于电池单体自身工艺差异引起的电压或能量的离散性，避免个别单体电池因过充或过放而导致电池性能变差甚至损坏情况的发生，使得所有个体电池电压差异都在一定的合理范围内。要求各节电池之间误差小于±30mV（电动汽车刚刚突破这个瓶颈）。

（2）电池组保护功能。单体电池过压、欠压、过温报警，电池组过充、过放、过流报警保护，切断等。

（3）采集的数据主要有。单体电池电压、单体电池温度（实际为每个电池模组的温度）、组端电压、充放电电流，计算得到蓄电池内阻。通信接口采用数字化通信协议 IEC 61850。在储能电站系统中，需要和调度监控系统进行通信，上送数据和执行指令。

（4）诊断功能。BMS 应具有电池性能的分析诊断功能，能根据实时测量蓄电池模块电压、充放电电流、温度和单体电池端电压、计算得到的电池内阻等参数，通过分析诊断模型，得出单体电池当前容量或剩余容量（SOC）的诊断，单体电池健康状态（SOH）的诊断、电池组状态评估，以及在放电时当前状态下可持续放电时间的估算。根据电动汽车相关标准的要求 JBT 11137—2011《锂离子蓄电池总成通用要求》（目前储能电站无相关标准），对剩余容量（SOC）的诊断精度为 5%，对健康状态（SOH）的诊断精度为 8%。

（5）热管理。锂电池模块在充电过程中，将产生大量的热能，使整个电池模块的温度上升，因而，BMS 应具有热管理的功能。

（6）故障诊断和容错。若遇异常，BMS 应给出故障诊断告警信号，通过监控网络发送给上层控制系统。对储能电池组每串电池进行实时监控，通过电压、电流等参数的监测分析，计算内阻及电压的变化率，以及参考相对温升等综合办法，即时检查电池组中是否有某些已坏不能再用的或可能很快会坏的电池，判断故障电池及定位，给出告警信号，并对这些电池采取适当处理措施。当故障积累到一定程度，且可能出现或开始出现恶性事故时，给出重要告警信号输出、并切断充放电回路母线或者支路电池堆，从而避免恶性事故发生。采用储能电池的容错技术，如电池旁路或能量转移等技术，当某一单体电池发生故障时，以避免对整组电池运行产生影响。管理系统对系统自身软硬件具有自检功能，即使器件损坏，也不会影响电池安全。确保不会因管理系统故障导致储能系统发生故障，甚至导致电池损坏或发生恶性事故。

（7）其他保护技术。对于电池的过压、欠压、过流等故障情况，采取了切断回路的方式进行保护。对瞬间的短路的过流状态，过流保护的延时时间一般至少要几百微秒至毫秒，而短路保护的延时时间是微秒级的，几乎是短路的瞬间就切断了回路，可以避免短路对电池带来的巨大损伤。在母线回路中一般采用快速熔断器，在各个电池模块中，采用高速功率电子器件实现快速切断。

（8）蓄电池在线容量评估 SOC。在测量动态内阻和真值电压等基础上，利用充电特性与放电特性的对应关系，采用多种模式分段处理办法，建立数学分析诊断模型，来测量剩余电量 SOC。分析锂电池的放电特性，基于积分法采用动态更新电池电量的方法，考虑电池自放电现象，对电池的在线电流、电压、放电时间进行测量；预测和计算电池在不同放电情况下的剩余电量，并根据电池的使用时间和环境温度对电量预测进行校正，给出剩余电量 SOC 的预测值。

为了解决电池电量变化对测量的影响，可采用动态更新电池电量的方法，即使用上一次所放出的电量作为本次放电的基准电量，这样随着电池的使用，电池电量减小体现为基准电量的减小，此外基准电量还需要根据外界环境温度变化进行相应修正。表 3-3 为各类储能电池在风力发电场的一些典型应用。

表 3-3   国内外风电场储能示范工程案例

项目地点	安装企业	作 用	储能电池种类	储能规模
日本横滨	加拿大 VRB	光伏/储能计划发电	全钒液流电池	1.0MW/5MWh
中国大连	大连融科储能技术发展有限公司	博融检测中心光伏发电/储能一体化	全钒液流电池	100kW/500kWh
中国西藏阿里塔尔钦		为西藏冈仁波齐转神山地区提供可靠的电力	铅酸胶体电池	513kW/7.2MWh
意大利西西里岛	Enel Green Power	解决光伏系统的发电质量，使其变量发电优化注入电网	钠盐电池	1MW/2MWh

1. 格尔木光伏储能电站

目前，欧洲新建的光伏电站有 83% 安装了能源储存系统。我国也在大力发展储能型光伏发电站，中国首座规模最大的商业化光储电站——格尔木时代新能源 50MWp 并网光伏电站已经完成了系统调试，成功并入电网投入运行，实现了以储能技术平滑和调控波动电源，保障新能源发电高比例接入电力系统的成功应用示范，标志着"光伏+储能"新时代的到来。图 3-18 是格尔木光伏电站的实景图。

图 3-18 格尔木光伏电站实景

图 3-19 是储能站的实体图。格尔木电站储能系统配置 15MW/18MWh，该储能系统由 CATL 设计与实施。它以 200Ah 磷酸铁锂电芯为基础单元，采用模块化设计，同时配备汽车级电池管理系统和在线式电池均衡技术和控制策略，系统安全、可靠，并能快速响应电网调频、调峰指令，其充、放电切换时间在 50ms 以内。在电站整体设计方面，电站设计结合了弃光限发区域光伏电站高比例错峰上网控制技术，基于电力调度 AGC 控制指令的光伏发电能量分配控制以及双电源协调馈电控制策略，利用智能化能量管理系统，实现了光伏电站能量对称联动及合理分配，确保光伏电站在限发条件下高比例上网。另外，储能系统自带 CATL 自主开发的电池监控和系统监控软件，可在无人值守的情况下自主运行。图 3-20 为 15MW/18MWh 储能系统的构架图。可以看出，储能站由 5 个 3MW/3.6MWh 储能单元组成，每个储能单元由 6 个 500kW/600kWh 储能机组组成，安装在一个蓄电池室内。每个 500kW/600kWh 储能机组由 1 台 500kW 双向变流器、4 个 150kWh 电池柜和 1 台总控柜构成（汇流柜）。每个 150kWh

电池柜由 17 个磷酸铁锂电池模块串联而成,由 1 套电池管理系统(BMS)来管理。每个电池模块由 14 个 200Ah 电池串联而成,由 1 个电池管理单元(BMU)来管理。每 4 个电池柜的 761.6V 高压直流总线汇流到总控柜上,与双向变流器直流侧相连。

图 3-19 锂离子电池储能站实体图

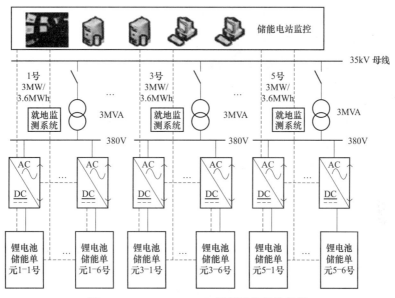

图 3-20 15MW/18MWh 储能系统的构架图

在当前中国西北区域比较严重的弃光限电背景下,通过配置储能,一方面可有效解决"弃光限电"这一棘手问题,提升光伏电力整体消纳水平,促进光伏产业健康发展。另一方面,在促进光伏企业收益的同时,也能带动储能产业全面、快速发展。更重要的是项目的投入运行将为电力调度部门提供有力的数据支撑,将为"光伏+储能"项目的推广应用提供样板工程。

2. PNM 光伏储能项目

2008 年,新墨西哥公共事业服务公司(PNM)和美国电力科学研究院(EPRI)开始计划一个项目，用以展示智能电网技术在 PNM 分布式系统中的应用。随后一年，美国能源局（DOE）颁布了联邦政府复兴与再投资法案（ARRA），PNM 和 EPRI 很快向联邦官员提交了项目提案，并获得美国能源局 250 5931 美元的资金支持。

美国新墨西哥州为全美日照时数最高的地区，年新增光伏安装量一直位于全美国的前列，快速增长的光伏装机容量为储能技术的应用带来了更多的机遇。2010 年年底，PNM 计划为位于阿尔布开克南部的 500kW 光伏发电站提供 500kW/2.5MWh 的高级铅酸电池储能系统，储存的电能可为 150 户居民提供 2h 的生活用电。该系统通过使用 East Penn Manufacturing 公司的高级铅酸电池，展示集成配备精密控制系统的 2.5MWh 的高级铅酸电池于一个 500kW 太阳光伏发电系统，并让光伏发电成为可靠且可控的分布式电源。储能系统将有效降低由间歇性可再生能源如光伏、风电造成的电压波动，同时储存更多的能量用在以后用户侧负荷需求的用电高峰上。图 3-21 为该项目的太阳能电池板阵。

图 3-21　PNM 项目的太阳能电池板阵

参与该项目的单位包括 PNM、EPRI、East Penn Manufacturing 公司、北新墨西哥学院、新墨西哥大学和美国桑迪亚国家实验室。其中，PNM 负责该项目并与 EPRI 合作制定项目计划，北新墨西哥学院负责数据的收集、分析与管理工作，新墨西哥大学将进行该项目的系统建模和设计开发，桑迪亚国家实验室进行系统测试和算法开发，East Penn Manufacturing 公司及旗下的 Ecoult 公司将分别提供铅酸电池技术和储能解决方案。此外，S&C 电气公司将提供用于电力转换和并网的 Purewave™ PCS。

2011 年 9 月，该电站的 2158 块太阳能电池板和 1280 块高级铅酸电池全部安装完成，集成高级铅酸电池储能系统的光伏发电站全部并网发电，以满足新墨西哥地区的电力需求，并将在后面收集相关数据。

该项目使用的高级铅酸电池与之前的传统铅酸电池相比，有效地降低了电池在部分充电状态下多次循环放电对电池寿命的影响，新墨西哥光伏电站在 2.5MWh 高级铅酸电池的帮助下，成为美国第一个接入大电网的光伏储能电站。该电站除了为用户提供稳定的用电，还将识别、测试并展示储能系统带来的众多利好，在项目建成后的两年中，将不断收集数据并于全球分享研究成果以推进储能技术的发展。

三、风光互补发电的储能系统

风光互补发电系统结构如图 3-22 所示，风力发电系统与太阳能光伏发电系统产生的电能通过变流器直接并入电网母线，储能电池通过整流装置与逆变装置与电网母线相连。风光互补发电系统根据电网调度和功率控制系统实现储能电池从电网储能还是向电网输出电能以及进行电网的无功补偿输出。功率控制系统根据风力发电机组、太阳能光伏发电系统发电功率预测，接收电网调度指令和无功补偿信息，结合储能电池的能量情况，从而控制整流装置与逆变器的工作模式。储能部分对于风光互补发电系统的稳定运行起着至关重要的作用，储能装置的作用一是储存能量，由于风能和太阳能都具有间歇性和受天气影响大的特点，这就需要在储能装置在风力较大和阳光充足时，将过剩的能量储存起来，当风能和太阳能不足以满足负荷需求时，储能装置可以持续地给系统提供供电。二是滤波作用，如果将光伏阵列及风机直接连接负载，光伏阵列受温度及光照强度的影响及风机受风能变化影响均较大，这将导致系统输出的电压、电流不稳定，负载不能正常工作，而储能装置则可保证负载运行在一个稳定可靠的工作区间。

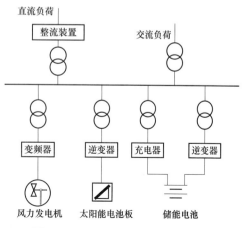

图 3-22 风光发电互补系统结构图

国家风光储输示范工程位于河北省张家口市张北县和尚义县境内，规划建设 500MW 风电场、100MW 光伏发电站和相应容量储能电站。示范工程一期建设规模为：风电 98.5MW，光伏发电 40MW，储能 20MW，配套建设 220kV 智能变电站一座。首创风光储输技术路线，真正实现对新能源发电的"可预测、可控制、可调度"，提高了电网对大规模新能源的接纳能力。图 3-23 为张北风光储系统的总架构图。风电机组、光伏阵列和储能系统分别经过升压变压器接到 35kV 母线，再经过 220kV 智能变电站接入智能电网。

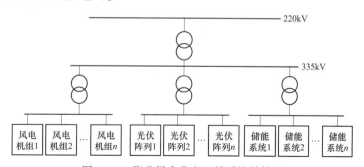

图 3-23 张北风光发电互补系统结构图

示范工程储能电站一期规划总装机容量为 20MW/95MWh，是目前世界上规模较大的多类型化学储能电站。一期分别规划安装磷酸铁锂储能装置 14MW/63MWh、液流储能装置 2MW/8MWh 和钠硫储能装置等。其中，磷酸铁锂储能装置已全部投入生产，14MW 磷酸铁锂储能装置分布于占地 8869m² 的 3 座厂房内，共分为 9 个储能单元，整套磷酸铁锂储能装置共安装电池单体 27.4568 万节；液流储能装置开始设备安装。研究分析技术预案，以求最大限度地降低潜在的不利因素。按照磷酸铁锂电池类型，储能系统可分为"能量型"应用和"功率型"应用。"能量型"储能电池具有高能量密度的特点，主要用于高能量输入、输出。"能量型"储能装置共 5 个单元，总储存电量为 52MWh，每单元额定功率 2MW，最大充放电功率 3MW，下设 6 台 500kVA 双向变流器，其电池单体容量为 60Ah 和 200Ah 两种类型。其中，4MW×4h 的设计具备"孤岛运行"功能，可在全站失电时提供紧急后备电源，确保站用电的同时带动其他风、光、储发电单元启动 供电，使风光储示范电站成为稳定可靠的黑启动电源。"功率型"储能电池具有循环次数高、功率密度高和放电倍率高等优点，主要用于瞬间高功率输入、输出。"功率型"储能装置共 4 个单元，总储存电量 11MWh，每单元额定功率 1MW，最大充放电功率 2MW，下设 4 台 500kVA 双向变流器，其电池单体容量为 20Ah 和 40Ah 两种类型。"功率型"储能装置充放电容量相对较小，但电池功率大，适合应对系统调频等大功率的电能吞吐。

风电系统、光伏系统和储能系统在拓扑结构上具有既相互独立又互为补充的特点，这决定了风光储系统运行模式的多样性。联合发电控制系统可根据调度计划、风能预测和光照预测，对风电场、光伏电站、储能系统和变电站进行全景监控、智能优化，实现风光储系统以下 6 种组态运行模式的无缝切换。

（1）风电系统单独出力。

当处于夜晚或有云层遮挡的情况下时，光伏系统没有输出。如果此时风力发电符合相关并网标准或自定义并网条件，则出于对电池寿命的考虑，储能系统不动作。这种情况下可由风电系统单独发电。

（2）光伏系统单独出力。

当风速处于风电机组正常运行风速范围之外时，风电机组无输出。若此时光伏系统出力符合相关标准或自定义并网条件，则出于对电池寿命的考虑，储能系统不动作。这种情况下可由光伏系统单独发电。

（3）风电、光伏系统联合出力。

当风电和光伏系统都有输出，但单独出力都不能满足并网标准或自定义并网条件时。由于风电出力和光伏出力具有一定的相互平滑性，因此风电与光伏的合成出力可能满足并网标准或自定义并网条件，此时储能系统不需要动作，在这种情况下可由风电和光伏系统联合发电。

（4）风电、储能系统联合出力。

当处于夜晚或有云层遮挡等无光照的情况下时，光伏系统没有输出。如果此时风速处于风电机组正常运行风速范围之内，但风电机组出力不能满足并网标准或自定义并网条件，则需要储能系统进行调节，这种情况下由风电和储能系统联合出力。

（5）光伏、储能系统联合出力。

当风速处于风电机组正常运行风速范围之外时，风电系统无输出。如果此时光伏系统有输出，但其单独出力不能满足并网标准或自定义并网条件，则需要储能系统辅助调节，这种情况下由光伏和储能系统联合出力。

（6）风电、光伏、储能系统联合出力。

当风电和光伏系统皆有输出，但合成出力不能满足并网要求时，需要储能系统进行调节，这种情况下由风电、光伏和储能系统联合出力。

满足一定条件下，风光储系统可以在上述 6 种不同组态运行方式之间进行无缝切换。图 3-24 为风光储系统运行方式的状态转换图。图中：P 代表光伏系统，W 代表风电系统，B 代表电池储能系统；"="表示可用，"≡"表示可用并符合并网条件；值为 1 代表满足，值为 0 代表不满足。各种运行模式分别对应不同的风电、光伏、储能系统的出力条件，不同模式与 P，W，B 值的对应关系如表 3-4 所示。

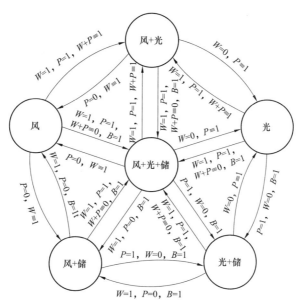

图 3-24　风光储系统状态转换图

表 3-4　　　　　　　　　　运行模式与 P，W，B 值对应关系

运行模式	P	W	B	$P+W$
模式 1	=0	≡1		
模式 2	≡1	=0		
模式 3	=1	=1		≡1
模式 4	=0	=1	=1	
模式 5	=1	=0	=1	
模式 6	=1	=1	=1	≡0

储能站的作用主要包括以下四个方面：

（1）平滑风光功率输出。图 3-25 为平滑风光功率输出控制框图。平滑新能源发电波动方面，风光发电与储能进行互补，储能监控系统内的自动平滑程序根据运行要求，按照设置好的平滑范围控制储能机组吞吐风光发电电力，实现多时间尺度平滑风光发电出力波动在规定范围。因此，风光发电经过储能控制平滑后波动率降低。

（2）削峰填谷。在电网负荷低谷和高峰时段启动储能装置进行充放电，储能系统削峰填谷功能实时满足上层调度系统下发的储能系统功率需求命令，即实时响应上层下发的削峰填谷计划对应的功率命令值，以保证削峰填谷的应用效果。图 3-26 是削峰填谷控制策略图，根据当前的电池功率与电池剩余容量反馈值，确定储能系统的工作能力，并向联合调度层上发储能系统的当前允许使用容量信息和当前可用最大充放电能力信息等。

（3）跟踪计划发电。图 3-27 为跟踪计划发电控制框图。在风光储示范工程中，全景监控系统基于日前风光预测功率情况，制定风光储的调度计划。储能电站监控系统依据上

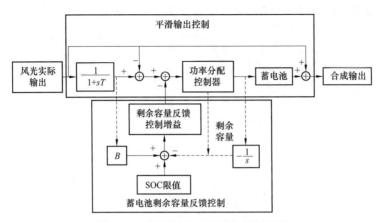

图 3-25 平滑风光功率输出控制框图

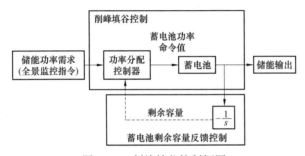

图 3-26 削峰填谷控制框图

层调度下发的当日调度计划，通过控制储能电站的充放电功率，实现跟踪调度发电计划的功能。

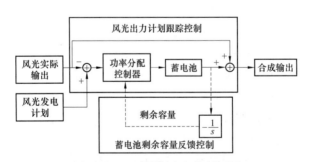

图 3-27 跟踪计划发电控制框图

（4）参与系统调频。支持自动发电控制（AGC）功能即是实时满足上层调度系统或华北局网调直接下发的储能系统功率需求命令，实时响应上层调度下发的支持 AGC 计划相对应的功率命令值。参与系统调频要求储能电站对上层调度下发的调频功率需求指令响应时间在 4s 以内。目前，储能电站在 3s 之内即可实现上层调度下发的调频控制指令。图 3-28 为储能系统参与系统调频的控制策略。在调频控制中，储能电站监控系统针对上层调度下发的储能电站总功率需求指令，基于各储能单元 SOC，通过变流器实现对各储能单元电池间的功率协调控制与能量分配功能，以实现满足储能电站功率需求的同时，确保各储能单元电池组的 SOC 控制在预期的范围之内。

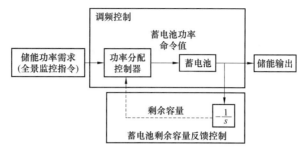

图 3-28　储能系统参与系统调频控制框图

参 考 文 献

[1] 耿晓超，朱全友，郭昊. 储能技术在电力系统中的应用 [J]. 智能电网，2016，4（1）：54-59.

[2] 许守平，李相俊，惠东. 大规模电化学储能系统发展现状及示范应用综述 [J]. 电力建设，2013，34（7）：73-80.

[3] 李建林，马会萌，惠东. 储能技术融合分布式可再生能源的现状及发展趋势 [J]. 电工技术学报，2016，3（14）：1-11.

[4] 田军，朱永强，陈彩虹. 储能技术在分布式发电中的应用 [J]. 电气技术，2010，8：28-32.

[5] 严俊，赵立飞. 储能技术在分布式发电中的应用 [J]. 华北电力技术，2006，10：16-19.

[6] 贾宏新，张宇，王育飞，等. 储能技术在风力发电系统中的应用 [J]. 可再生能源，2009，27（6）：10-15.

[7] 张庆伟. 风力发电系统中储能技术的应用研究 [J]. 科技资讯，2015，26：5-6.

[8] 李霄，胡长生，刘昌金，等. 基于超级电容储能的风电场功率调节系统建模与控制 [J]. 电力系统自动化，2009，33（9）：86-90.

[9] 黄旭召，李全峰，王致杰. 光伏系统中钒液流电池特性的研究 [J]. 电力学报，2015，30（5）：402-406.

[10] 丁明，陈忠，苏建徽. 可再生能源发电中的电池储能系统综述 [J]. 电力系统自动化，2013，37（1）：19-26.

[11] 丁明，徐宁舟，毕锐. 用于平抑可再生能源功率波动的储能电站建模及评价[J].电力系统自动化，2011，35（2）：66-72.

[12] 高明杰，惠东，高宗和. 国家风光储输示范工程介绍及其典型运行模式分析[J].电力系统自动化，2011，37（1）：59-64.

第四章　储能电池在配电侧的应用

电力和能源的供需矛盾已成为我国国民经济稳定、可持续发展的瓶颈。尤其在大中型城市，随着电力需求逐年增长，用电高峰和低谷的负荷差距越来越大，白天用电负荷很大，有的地方甚至仍然需要拉闸限电，但到深夜用电量很小，很多发电产能被白白浪费且负荷低下，发电效率显著降低。由于峰谷差的不断拉大，系统装机容量难以满足峰值负荷需求。若通过建设发电厂来满足高峰负荷需求，其建设规模必须与高峰用电相匹配，随着峰谷差的加大，负荷率快速下降，导致非高峰期的设施利用率很低。从建设成本和资源保护的角度出发，通过新增发、输、配电设备来满足日益增长的高峰负荷变得越来越困难。

配电网作为电力系统面向用户的最后环节，与用户的联系最为紧密，对用户的影响也最为直接。各种形式的分布式电源（distributed generation，DG）、储能、电动汽车充换电设施等的接入，冷、热、电等综合能源的供应与服务，以及电网、用户、虚拟运营商等多方参与的市场交易和灵活互动都与配电网密切相关。各种形式的城市储能电站可以在电网负荷低谷的时候从电网获取电能充电，在电网负荷峰值时向电网输送电能，这有助于减少系统输电网络的损耗、减缓或者替代新建发电厂、满足日益增长的高峰负荷需求。储能电站还可以发挥备用电源的作用，提高系统备用容量，确保城市供应安全。目前，在自技术发展和市场需求的双重驱动下，配电网正逐渐成为电力研究和建设的重点。

第一节　智能配电网

随着电力生产形式、传输模式和利用方式的变化，配电网的发展和运营不仅面临着原有技术和设备升级改造的压力，而且也面临着许多新的问题和挑战，主要包括以下几方面：

（1）在保证电力需求持续快速增长的同时，如何满足用户日益提高的供电可靠性和供电质量要求；虽然我国部分城市供电可靠性已经接近国际先进水平，但配电网总体相对薄弱，供电可靠性离发达国家还有较大差距，部分地区还存在严重的低电压、电压骤降、短时停电等电能质量问题。

（2）随着分布式电源、储能和电动汽车充换电设施的大量接入，开展主动配电网规划和运行控制以及在电力市场环境下配电网与用户间的互动机制的研究日益迫切。

（3）如何进一步提高配电网的可测、可观、可控和自愈，以解决目前配电网存在的盲调问题，增强配电网防灾减灾抗灾的能力。

（4）随着新一轮电改的深入推进，如何提高配电设备资产管理水平，提高资产利用率，已经成为电力行业关注的热点。

世界各国在配电网智能化领域已经开展了大量研究与建设工作。以德国、法国、美国为代表的欧洲发达国家一直致力于探讨智能电网框架下的先进配电技术体系研究，包括主动配电网技术和自愈控制技术等。我国已明确提出 2015～2020 年投资不低于 2 万亿元对现有配电系统进行升级改造，以满足新能源、电动汽车、多元化负荷等新要素的发展要求。

智能配电系统将以智能化的配电设备、配电终端等物理实体为基础，基于高级配电自动化平台，通过应用和融合先进的测量及传感技术、控制技术、计算机及网络技术、信息与通信技术等，集成具有高级应用功能的信息系统，支持分布式电源、微网、储能、电动汽车充电设施的友好接入和与用户的友好互动，实现配电网在正常运行状态下的监测、保护、控制和优化，并在非正常运行状态下具备自愈控制功能，实现用电的安全可靠、经济高效、灵活互动和绿色环保。一个典型的智能配电网结构如图 4-1 所示。

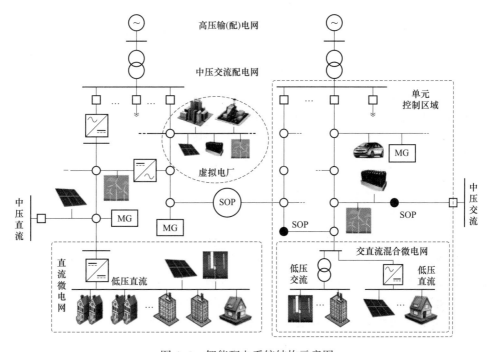

图 4-1 智能配电系统结构示意图

MG（micro grid）——微电网；SOP（soft open point）——全控型电力电子装置，通常用于分段——多联络配电网中的馈线联络开关，它能够根据控制指令实时调整相连馈线间的功率流动，从而改变整个体系的潮流分布。

从能量流角度，智能配电网需要覆盖高、中、低压配电网以及用户侧等多层次的能量传递过程，实现以电能为核心的风、光等多样化分布式能源的接入利用与用户侧冷、热、电等综合能源的协调供应；从信息流角度，配电网需要实现深入到用户侧的全网设备信息通信网络覆盖，实现配用电系统的全方位实时感知、动态控制和信息互动服务，使智能配用电系统在整体上成为一个高度融合的物理信息系统；从资金流角度，配电网将为电网和不同层次用户之间的双向交流与互动提供途径，通过市场化的灵活交易机制促进社会能源资源的优化配置。与传统配电网相比，智能配电网在网络结构、装备体系、运行模式等方面发生革命性的变化，具备许多新特征，主要体现如下：

（1）类型丰富的分布式能源高效消纳与利用。配电网是光伏、风机、燃料电池、微型燃气轮机等分布式电源接入的主要平台，地热发电、生物化学发电等新型发电技术正逐渐进入实践阶段。除此之外，用户侧电动汽车充换电设施和需求侧响应的推广应用也将作为新型虚拟电源参与到系统运行中来。

（2）信息网与配电网的深度融合。配电网将实现全面覆盖源、网、荷环境等的实时信息采集、传输、存储、分析、整合与管理，为运行控制、网络规划、设备管理、营销策略制订和风险管控提供数据支撑。随着现代信息通信技术与高性能计算技术的突飞猛进，配用电信息网将与物理网络实现深度融合，有效提升这个物理信息系统的可观性和可控性。

（3）电力电子化的柔性配电网络。电力电子变换器是提升系统可控性、灵活性与开放性的核心。各种分布式电源通过电力电子装置实现运行控制方式的灵活转换及在不同环境下的即插即用。电力电子变换器还可替代传统调压器、联络开关等提供灵活调压、潮流控制、无功补偿、谐波控制、交直流转换等辅助服务功能。随着高性能、小体积、低成本电力电子器件的不断发展，配电网将逐渐成为高度可控的电力电子化灵活网络。

（4）高度智能化的配电网运行方式。高级配电网运行技术是配电网智能化的关键技术之一，实现对各种分布式能源与新型负荷进行有效的控制管理和协调优化，增强电网运行的互联性、灵活性和弹性。在此基础上，自愈控制、主动配电、虚拟储能、需求侧响应等先进配电运行技术将得到更加广阔的发展与应用空间。

（5）综合能源的转化与服务。传统的社会供能系统多采用单独规划、单独设计、独立运行的方式，彼此之间缺乏协调，安全性低、灵活性差、设备利用率低。因此，以电能为核心，充分考虑用户能源需求的周期规律与不同能源间的相互转化特性，通过配电系统为用户提供冷、热、气、电等综合能源服务是社会能源体系发展的优选之路。

（6）市场化综合能源交易机制。基于激励、价格等机制的需求侧响应技术将成为市场环境下配电网与用户灵活互动的重要手段，用户侧的大量响应资源能够通过电力市场充分参与到配网运行中，协助完成削峰填谷、平滑功率、缓解阻塞、虚拟备用等辅助服务功能。与此同时，除电能以外的冷、热、气等其他能源形式也可能参与到配电网的市场交易中，进而形成高度市场化的综合能源交易机制。

第二节　储能在配电侧的作用及优化配置

一、储能系统在配电侧的作用

配电端储能技术与发电端储能项目注重储能与新能源相结合有所不同，将储能站放在配电网，接收远方调度的信息，通过储能监控系统来指挥储能站出力。储能在配电侧的应用主要包括以下 4 个方面：

1. 无功支持

无功支持是指在输配电线路上通过注入或吸收无功功率来调节线路上的电压。传统调节无功或电压的手段包括发电机、调相机（synchronous condenser）、静态无功补偿装置

（static VAR compensator）、电容器组（capacitor banks）和电感器组（inductor banks）。储能在动态逆变器、通信和控制设备的辅助下，可以调整储能系统输出的无功功率大小，进而对输配电线路的电压进行调节。

线路是感性还是容性与线路的电压等级和负荷大小有关。通过传感器测量线路的实际电压，按照规范要求的电压范围调整输出的无功功率大小，进而调节整条线路的电压，使其在规范要求的范围内，储能设备才能够做到动态补偿。

2. 缓解线路阻塞

储能系统安装在阻塞线路的上游，当线路负荷超过线路容量，即发生线路阻塞时，储能系统充电，将线路不能运输的电能存储在储能设备内。当负荷低于线路容量时，储能再向线路放电。

输电线路的容量是固定的，而负荷是随时间有规律变化的，即存在尖峰负荷。有时候当负荷增长到一定程度时，输电线路的容量会低于尖峰负荷，这样就需要投入资金对线路进行扩容，提高电力运行的边际成本。储能可以用于避免线路阻塞引起的相关成本和费用，尤其是在需要扩容的幅度不高的情况下。

3. 延缓输配电扩容升级

延缓输配电扩容升级是指利用一定较小容量的储能设备延缓甚至免去对原有输配电设备的扩容。主要应用于负荷接近设备容量的输配电系统内，通过将储能安装在原本需要升级的输配电设备的下游位置来延缓或者避免扩容。

以一个 10MW 的小型变电站扩容为例，扩容前运行在低于额定容量 3% 的负荷下，下一年负荷增加 2%，按照变电站扩容的正常情况，将扩容 5MW，即扩容后容量为 15MW。如果采用储能设备来满足下一年的负荷增长，储能的功率大小要考虑负荷增长的不确定性，那么新增一年的负荷是 200kW，考虑不确定性，在此基础上增加 25%，那么储能的容量要达到 250kW。

这种做法最显著的特点是，利用较小容量的储能设备来延缓很大投入的电网扩容投资。这样做既可以提高电力资产的利用率，更高效地利用电力企业资金，又可以减少大规模资金投入产生的风险。

值得注意的是，需要扩容的输配电设备在一年大部分时间里都是可以满足负荷供应的，只有在部分负荷高峰的特定时间段出现自身容量低于负荷的情况。因此，在负荷高峰超过输配电设备容量不是很多的情况下可以考虑用储能这个解决方案。实际上，这种应用等于延长了原有设备的使用寿命。

4. 变电站直流电源

变电站直流电源是可以为信号设备、继电保护、自动装置、事故照明及断路器分、合闸操作提供直流电源，并在外部交流电中断的情况下，保证由后备电源即蓄电池继续提供直流电源的重要设备。直流电源的可靠性、安全性直接影响电力系统供电的可靠性、安全性。新型储能电池在保证可靠性和成本具有竞争力的前提下，可以发挥其寿命长、免维护的特点，进入这一领域。

新型储能设备进入变电站成为直流电源要做到两点：一是可靠性不能低于传统铅酸电池；二是跟传统直流电源设备相比需要更少的维护。对于在这方面应用有竞争力的新型储能技术，应该能够让操作人员较容易地检测电池当前的剩余寿命和运行状况。另外，新型储能设备要更可靠地位直流负荷供电（如直流电动机），主要是指储能设备具备冲击电流的能力，如直流电机忽然启停，或者有能力应对冲击负荷，包括开关动作、隔离开关和电动机变速操作等。

按照目前的成本，储能做无功支持和变电站直流电源，相对价格较高；储能在缓解输电线路阻塞和延缓输配电设备扩容两个方面的应用，相对简单的扩容升级，更加灵活，减少了投资的风险，提高了电力资源的利用率。由于输配电网的稳定决定了整个电网的可靠性和安全性，所以要求对储能的可靠性进行论证，需要经过必要的示范项目进行检验。另外在配电网中配置区域级的储能系统，作为所在区域配电网的能量调控中心，可以有效平抑所在区域分布式电源的出力波动，增强配电网的整体调控能力，提高配电网对分布式电源的接纳能力。目前配电网中储能的应用集中在模块化电池储能研究示范上，压缩空气储能等其他储能方式也有相关示范应用。配电网中配置的储能容量越大，配电网调控灵活性越高，但投资也越大，如何在调控性和经济性之间寻找最佳的平衡点，也是需要解决的问题。

二、储能系统在配电侧的优化配置

配网储能系统在日本和欧美等发达地区已有较大规模应用，多为负荷调整（LS）+不间断电源（UPS）等模式。我国近年来也开展了多个储能试点工程，主要用于电网削峰填谷和抑制新能源功率波动。目前，国内外配网储能系统优化配置研究主要集中在含新能源的微网领域，配电网领域的相关研究较少，同时考虑不同类型储能的优化配置研究更少。

本部分内容通过综合考虑配电网中引入储能系统在减少发电端和输配电侧容量投资建设费用所带来的收益、差价电费收益、降低重要用户停电损失和网络损耗所获得的收益等5个方面的价值，对储能系统的经济性进行了全面考虑。结合配电网削峰填谷和可靠性约束、储能设备充放电特性约束，建立了配电网经济性最优条件下的储能设备容量优化配置模型，并用算例求解得出目前技术条件下不同种类储能设备的最佳配置容量，同时对其收益和成本进行了分析。

1. 配电网中储能设备的收益分析

引入储能设备虽然会增加配电网投资成本，但是也会带来包括发电侧收益、输配电侧收益、差价电费收益、可靠性收益、降低网络损耗收益等收益，建立模型以评估在配电网中加入储能设备的总体收益。

（1）发电侧的收益 B_G。

储能设备可以通过在负荷高峰时放电，降低负荷峰值，有效地降低发电端设备容量。由于发电端的不同电站的负荷具有时段错峰效应，因此计算发电侧收益时应考虑的是实际降低的备用容量投资费用，相应的年收益值用式（4-1）计算：

$$B_G = \mu C_G P_{rated} \tag{4-1}$$

式中　μ——考虑配电网中负荷间错峰效应的影响系数；

　　　C_G——发电侧单位备用容量综合造价；

　　　P_{rated}——储能设备的额定功率。

（2）输配电侧收益 $B_{T\&D}$。

加入储能系统后，可以减少储能安装点上级电网输配电系统容量投资建设费用。输配电系统输送容量建设需考虑电网容载比及变电站间负荷错峰效应的影响，相应的年收益用式（4-2）计算：

$$B_{T\&D} = \gamma C_{T\&D} P_{rated} \tag{4-2}$$

式中　γ——综合考虑负荷错峰效应及容载比要求的影响系数；

$C_{T\&D}$——输、配电侧单位容量综合造价。

（3）峰谷电价差收益 $B_{P\&V}$。

加入储能设备后，可以在晚上负荷和电价较低时进行充电，在白天用电高峰负荷和电价较高时进行放电，利用峰谷电价差获得收益，相应的年收益用式（4-3）计算：

$$B_{P\&V} = n \sum_{j=1}^{24} \left[P_s^+(j) - P_s^-(j) \right] e_j \tag{4-3}$$

式中　n——储能系统年投运次数；

e_j——时刻 j 对应的电价；

P_s^+, P_s^-——储能设备的放电、充电功率。假定在 j 时刻，储能设备只能处于充电、放电或不充不放中的一种状态。

（4）可靠性收益。

电网发生故障时，会带来一定损失。加入储能设备以后可以保证重要负荷持续供电，从而提高配电网供电可靠性，降低停电损失，可由缺电损失评价率 R_{IEAR}（interrupted energy assessment rate）计算，该项收益可以用式（4-4）和式（4-5）进行计算：

$$B_R = R_{IEAR} E_{ENS} \lambda_s \left[1 - f(E_j < E_{ENS}) \right] \tag{4-4}$$

$$f(E_j < E_{ENS}) = h_{WE}/24 \tag{4-5}$$

式中　E_{ENS}——重要用户电量不足期望值；

λ_s——配电网故障停电概率；

E_j——j 时刻储能系统中的剩余电量；

h_{WE}——储能系统中剩余电量小于 E_{ENS} 的小时数；

$f(E_j<E_{ENS})$——储能系统不能满足停电期间重要用户正常生产的概率。

储能设备的实际使用寿命与储能充放电周期循环次数有关，为了延长储能设备的使用寿命，同时尽量发挥削峰填谷作用，假设储能设备在每天负荷高峰、低谷时期各充、放电一次，且能够深度充放电。图 4-2 为某地区的分时电价，若储能设备在每天晚上 22：00 已将存储的电能完全释放，此后开始新一轮的充放电，到第二天 21：00 为 1 个充放电周期，j 分别取 1，2，…，24，则 E_j 可以表示为式（4-6）：

$$E_j = \sum_{j=1}^{24} (P_S^- - P_S^+) \tag{4-6}$$

（5）降低网络损耗收益。

通过削峰填谷，储能设备可以改善配电网络潮流，减少网络损耗，包括变压器损耗

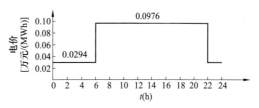

图 4-2　某地区分时电价

和线路损耗。

储能设备充电时增大了变压器负载率，使得损耗增加；放电时减少了变压器所带负荷而使损耗降低。储能设备在削峰填谷过程中，总体上降低了配电变压器的损耗。该项的年收益可以用式（4-7）计算：

$$B_{tra} = n \sum_{j=1}^{24} \frac{e_j \left\{ P_{load}^2 - \left[P_{load} - P_S^+(j) + P_S^-(j) \right]^2 \right\} P_k}{(S_N \cos\varphi)^2} \tag{4-7}$$

式中　P_{load}——j 时刻的有功负荷；

$\quad\quad P_k$——变压器的短路损耗；

$\quad\quad S_N$——变压器的额定容量；

$\quad\quad \cos\varphi$——变压器的功率因数。

储能设备在用电低谷充电时，线路负载率增大，损耗增加；在用电高峰放电时，线路负载率减小，损耗降低。储能设备削峰填谷作用改善了配电网络潮流而使总的线路损耗降低。线路损耗与电流平方成正比，其年收益可以用式（4-8）计算。

$$B_{tra} = n \sum_{j=1}^{24} \frac{e_j \left\{ P_{load}^2 - \left[P_{load} - P_S^+(j) + P_S^-(j) \right]^2 \right\} R}{V^2} \tag{4-8}$$

式中　R——线路电阻；

$\quad\quad V$——储能安装点线路电压。

2. 配电网中储能设备投资成本分析

储能设备投资成本主要包括一次投资成本和运行维护成本。虽然不同类型储能技术的单位造价、寿命和效率不同，但成本结构相同，针对适用于配电网负荷调整的几类能量型储能技术进行分析，根据美国电力研究协会（EPRI）和能源部（DOE）联合编写的《输配电网中储能应用手册》，将各类单价折算成人民币（汇率取 6.13），可得到各储能介质价格与特性参数（见表 4-1）。

表 4-1　　　　　　　　　　各储能介质价格与特性参数

储能技术	功率成本 $\pi_{P_{ESS}}$（万元/MW）	能量成本 $\pi_{E_{ESS}}$[万元/（MWh）]	变流器成本 π_{PCS}（万元/MW）	效率 η（%）
铅酸电池	193.01	199.23	106.05	75~85
钠硫电池	311.40	311.40	123.83	85~90
多硫化钠电池	495.30	164.90	73.56	60~65
钒液流电池	541.28	270.95	190.64	75
压缩空气储能	73.56	24.52	0	85
储能技术	固定运维成本 $\pi_{O\&Mf}$[万元/（MWh·a）]	可变运维成本 π_{OMv}[万元/（MWh·a）]	其他成本 π_{dis}（万元/MW）	寿命 L（a）
铅酸电池	10.79	3.98	0.86	15~30
钠硫电池	11.77	2.39	6.87	15

储能技术	固定运维成本 $\pi_{O\&Mf}$ （MWh·a）	可变运维成本 π_{OMv} [万元/（MWh·a）]	其他成本 π_{dis} （万元/MW）	寿命 L （a）
多硫化钠电池	33.47	3.92	0.74	15
钒液流电池	17.23	2.51	0	10
压缩空气储能	7.97	36.04	0	30

（1）一次投资成本 C_{cap}。

储能设备的一次投资建设成本主要包括储能设备（如电池、电容等）成本、功率转换系统（PCS）成本、能量管理系统（EMS）成本等。其年成本可以表示为式（4-9）：

$$C_{cap} = \frac{(\pi_{P_{ESS}} + \pi_{PCS} + \pi_{dis}) \cdot P_{rated} + \pi_{E_{ESS}} \cdot E_{rated}}{L} \tag{4-9}$$

式中 $\pi_{P_{ESS}}$——储能设备单位功率成本；

$\quad\quad \pi_{PCS}$——PCS 的单位功率成本；

$\quad\quad \pi_{dis}$——其他成本（包括防止电池泄漏，环境污染等设备成本）；

$\quad\quad \pi_{E_{ESS}}$——储能设备单位容量成本；

$\quad\quad E_{rated}$——储能设备额定容量；

$\quad\quad L$——储能电池使用使用寿命。

（2）运行维护成本 $C_{O\&M}$。

储能设备每年的运行维护成本包括固定运维成本 $C_{O\&Mf}$ 和可变运维成本 $C_{O\&Mv}$，其中 $C_{O\&Mf}$ 指年度规划检修保养成本，$C_{O\&Mv}$ 与储能设备的周期循环效率及备用损失有关。相应成本 $C_{O\&M}$ 可以用式（4-10）~式（4-12）计算：

$$C_{O\&M} = C_{O\&Mf} + C_{O\&Mv} \tag{4-10}$$

$$C_{O\&Mf} = \pi_{O\&Mf} P_{rated} \tag{4-11}$$

$$C_{O\&Mv} = \pi_{OMv} P_{rated} \tag{4-12}$$

式中 $\pi_{O\&Mf}$——储能设备单位功率固定运维成本；

$\quad\quad \pi_{OMv}$——单位功率可变运维成本。

3. 配电网中储能设备容量优化配置模型

配电网配置储能设备后增加的投资成本与获得的收益与所配置储能的种类及容量有关，本节从配电网经济性最优角度考虑，建立适合不同种类的储能设备容量优化配置模型。

（1）目标函数。

结合上文分析的配电网中储能设备在 5 个方面的价值收益和投资成本，其优化配置模型的目标函数可以用式（4-13）表示

$$\max E_{year} = B_G + B_{T\&D} + B_{P\&V} + (B_{tra} + B_{line}) - (C_{cap} + C_{O\&M}) \tag{4-13}$$

（2）约束条件。

根据配电网特性和储能设备的特点，约束条件可分为两个部分：

① 配电网约束条件。考虑配电网装设储能设备将峰谷差削减一定范围，为了避免储

能设备容量过大而削峰为谷、填谷为峰，需对储能容量进行约束。此外，储能设备在电网故障时需满足重要用户正常生产用电。由于储能设备在变压器重载时放电，轻载时充电，总体上改善了负荷情况，有助于提高电能质量，故可不考虑电压、电流约束，

$$10\% \leqslant \frac{(P_{\mathrm{dmax}} - P_{\mathrm{dmin}}) - (P'_{\mathrm{dmax}} - P'_{\mathrm{dmin}})}{P_{\mathrm{dmax}} - P_{\mathrm{dmin}}} \leqslant 25\% \tag{4-14}$$

$$P'_{\mathrm{dmax}} = P_{\mathrm{dmax}} - P_S^{+} \tag{4-15}$$

$$P'_{\mathrm{dmin}} = P_{\mathrm{dmin}} + P_S^{-} \tag{4-16}$$

$$P_{\mathrm{imp}} \leqslant P_{\mathrm{rated}} \tag{4-17}$$

$$E_{\mathrm{ENS}} \leqslant E_{\mathrm{rated}} \tag{4-18}$$

式中　P_{dmax}，P_{dmin}——加入储能设备前的日负荷峰值、谷值；

$\quad\quad P'_{\mathrm{dmax}}$，$P'_{\mathrm{dmin}}$——经储能设备削峰填谷后的日负荷峰值、谷值；

$\quad\quad P_{\mathrm{imp}}$——重要用户正常用电所需功率。

式（4-14）为削峰谷差率范围。式（4-17）、式（4-18）为储能设备在电网故障时满足重要用户正常生产所需功率和电量的约束。

② ESS 约束条件。

$$0 \leqslant P_S \leqslant P_{\mathrm{rated}} \tag{4-19}$$

$$\sum_{j=1}^{24}(P_S^{+} - \eta P_S^{-}) = 0 \tag{4-20}$$

$$\sum_{j=1}^{24} P_S^{-} \leqslant E_{\mathrm{rated}} \tag{4-21}$$

式（4-19）为储能设备的充、放电功率约束；式（4-20）为充放电电量约束；式（4-21）表明储能设备在 1 天内的充电量需不大于其额定能量。

4. 算例分析

选取某地区变电站典型日负荷曲线数据，如图 4-3 所示，对储能设备容量优化配置模型进行分析。

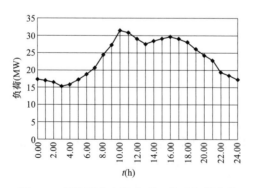

图 4-3　某地区变电站典型工作日负荷曲线

求解所得不同类型储能技术的优化配置容量和净收益见表 4-2，此配置容量下储能设备成本和配电网收益见表 4-3。

表 4-2　　　　　　　　同类型储能设备的优化配置容量和收益

储能类型	功率容量（MW）	能量容量（MWh）	净收益（万元）
铅酸电池	2.25	20.25	356.03
钠硫电池	2.13	19.18	147.27
多硫化钠电池	2.10	19.20	81.85
钒液流电池	1.80	16.20	−100.50
压缩空气储能	2.19	19.70	440.44

表 4-3　　　　　　　配置容量下储能设备成本与配电网收益　　　　　　　万元

储能类型	一次投资成本	运维成本	发电收益	输配电收益	电价收益	可靠性收益	网损收益
铅酸电池	135.23	33.24	30.37	76.50	362.88	8.51	46.24
钠硫电池	402.46	30.18	28.78	72.47	418.67	8.56	51.39
多硫化钠电池	182.65	67.31	28.02	71.50	195.44	8.56	27.92
钒液流电池	452.11	35.53	24.30	61.20	258.68	8.64	34.31
压缩空气储能	16.28	96.35	29.55	74.43	391.53	8.68	48.88

由表 4-2 可以看出，压缩空气储能年净收益最高，为 440.44 万元，相对于 488.49 万元的一次性固定投资，其平均年投资回报率高达 90.16%，此时，对应的最佳配置容量可近似取 2MW/20MWh；铅酸电池储能一次性固定投资为 2974.99 万元，其平均年投资回报率可观，为 11.97%；钠硫电池和多硫化钠电池储能平均年投资回报率较低，均不足 3%；钒液流电池储能在当前技术条件下成本仍大于收益，目前不适宜用于配电网削峰填谷。由于压缩空气储能每年的运行维护成本较高（约为一次年投资成本的 6 倍），铅酸电池运行维护成本较低，技术成熟且寿命较长，因此目前常用铅酸电池储能用于配电网削峰填谷。

表 4-3 显示储能设备的收益主要为电价收益，约占总收益的 58.97%~72.20%。由于未计及配电网错峰用电等因素造成的停电损失，故降低重要用户停电损失费用方面的收益偏低（占比仅为 1.48%~2.69%）。

从经济性最优角度建立了适合不同类型储能设备的容量优化配置模型，并通过算例分析了适合配电网削峰填谷的储能类型、最佳容量及经济性。由于储能设备在配电网中用于削峰填谷时，提高了电能质量，带来相应的社会效益，所以在目前技术造价过高、经济性欠佳的应用初期，需政府和社会的大力支持，以促进其更大范围的推广应用。

第三节　储能电池在配电网的应用实例

经过前文分析可知，基于经济性考虑和技术成熟程度，目前配电网采用的储能设备仍然以传统的铅酸电池为主。随着先进储能电池的发展，钠硫电池、锂电池、液流电池等储能电池的单位能量密度和功率密度成本逐年降低，而且它们还有着铅酸电池不具备的环保和使用寿命等方面的优势。近年来修建的配电网中已经开始使用这些先进的储能电池，并且已有一系列的示范项目成功运行多年。

（一）美国 Chemical 变电站的钠硫电池储能

美国电力公司在西弗吉尼亚州的查尔斯顿市安装了美国历史上第一套基于钠硫电池的储能系统。该 1.2MW（7.2MWh）钠硫电池储能系统于 2006 年 6 月 26 日实现商业运行，短期目标是减轻当地电力容量饱和的压力和提高供电的可靠性。为降低成本和取得实际运作经验，美国电力公司没有采用交钥匙工程方式，而是分别和主要的供应商签署合同。钠硫电池由日本 NGK 公司提供，Meiko 公司负责电池的运输，电池系统的电气柜由 Kanawha 制造公司提供，功率变换器由美国 S&C 电气公司提供。

西弗吉尼亚州查尔斯顿市的 Chemical 变电站是美国电力公司经过对 19 个变电站进行评估和筛选后，最终确定的作为储能系统的安装地点。评估储能系统安装地点的主要依据有：①需要增容或提高供电可靠性；②负荷以较慢的速度增长；③比传统扩容方案成本低；④未来规划的不确定性；⑤易于对新技术进行管理；⑥便于技术支持。

Chemical 变电站是 138kV 输电和 12kV 配电电站，由 20MW，46kV/12kV 配电变压器和电压调节器提供三路馈电输出。2005 年 6 月，已经接近负荷容量，预计未来要超过容量上限，因此，安装储能系统能够在未来几年缓解供电压力，而不需要建设新的变电站。

储能系统安装在其中一条馈电线路上，如图 4-4 所示。图 4-5 为当地 6~8 月的平均日负荷曲线，从图中可以看出，峰值负荷出现在 15：00~18：00 时间段。因此，在负荷最高的时段，可以让钠硫电池以 120% 的功率放电 1.5h，即可以减小供电负荷 1.2MW。在晚上负荷低谷期，则对钠硫电池进行充电。

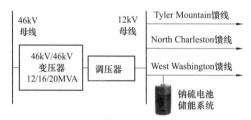

图 4-4　储能系统安装位置

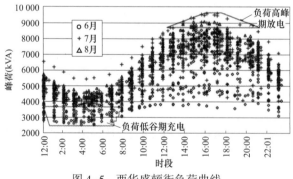

图 4-5　西华盛顿街负荷曲线

Chemical 变电站的电池储能系统由 20 组 50kW（峰值功率 60kW）的钠硫电池模块组成，储能容量为 360kWh，尺寸是 2.3m×1.8m×0.7m，体积为 2.9m³，重量为 3400kg。根据 IEEE1547—2003 和 1547.1—2005 标准，储能设备安装完毕以后对所有 20 组电池模块进行现场充放电测试。放电时，采用标准功率 1MW 和最大功率 1.2MW 两种方式，放电深度分别取 100%、90%、50% 和 33%。采用这种充放电逻辑的原因如下：

（1）正常运行时放电功率 1MW，预留 0.2MW 用于紧急状况或偶然过负载；

（2）90% 的放电深度可以延长电池的寿命 1 倍（推荐的运行方式），100% 放电只运行于急需的场合；

（3）50% 放电用于冬季两次用电高峰的场合；

（4）33% 放电按需要用于短期频繁的放电。

储能系统的 4 个电气柜安装于户外水泥地基上，防水、自然通风、便于搬迁。每个安装柜可以垂直安装 5 组电池，其结构尺寸如图 4-6 所示，图中左侧低柜为电气接线盒。

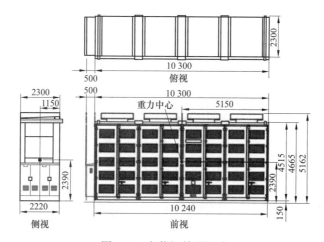

图 4-6　安装柜外形尺寸

由 S&C 公司设计制造的功率变换系统（Power Conversion System，PCS）容量为 1.25MW，安装在钠硫电池和升压变压器（1.5MW，480V/12kV）之间。其电气柜元件布局如图 4-7 所示。

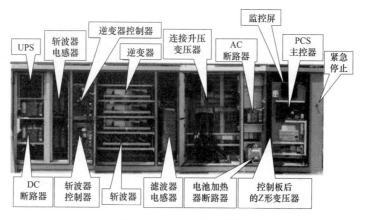

图 4-7　PCS 元件布局图

电气接线和数据交换示意图如图 4-8 所示，钠硫电池模块分为 2 组，每组 10 个串联，经直流稳压后汇总到 PCS 逆变器。流入到 PCS 主控制器的数据如下：

（1）配电网，包括电流、电压、潮流和馈电变压器的温度；

（2）PCS 元件；

（3）钠硫电池控制器。

PCS 主控制器存储运行信息，并通过 SCADA 和人机接口提供数据交互。与 SCADA 的通讯用于电网调度；人机接口实现现场和远程的监控，供 AEP、NGK 和 S&C 公司使用。

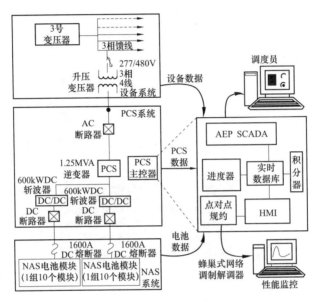

图 4-8　PSC 接线示意图

在储能设备开始运行的 3 个月试运行期间详细监控了系统的性能参数。图 4-9 为最热 3 天的负荷曲线，储能系统在平衡负荷的同时，也减小了温升 3~6℃，从而延长了馈电变压器的使用寿命。图 4-10 为增加储能系统前后，馈电变压器的功率和温升对比图。在钠

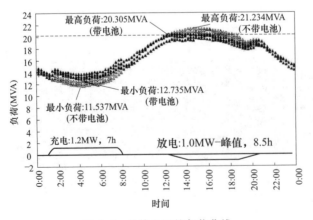

图 4-9　最热 3 天的负荷曲线

硫电池储能系统运行期间，馈电负载系数由 0.75 提高到 0.8。冬季由于取暖的需要，放电时间改为每天早晚 2 次。交流侧的实测效率为 76%。为延长电池寿命，实际使用其额定容量（7.2MWh）的 83%～90%。按照 PJM 的 LMP 价格计算，其前 11 个月为电力公司节约 57 000 美元。

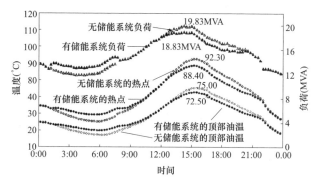

图 4-10　储能系统对馈电变压器的影响

该储能系统的总体成本为 2500 美元/kW，其中钠硫电池本身的成本占 45%，电池安装柜费用占 4%，场地建设费占 7%，控制系统及系统集成费用为 21%，从工厂到安装场地费用为 6%，非重复性工程支持占 17%。随着电池成本的降低和施工规范的建立，后续项目的成本有望显著降低。第一个钠硫电池项目成功运行后，美国电力公司又先后建立了 2 个 2MW（14.4MWh）钠硫电池储能系统。

（二）湄洲岛储能电站

湄洲岛与台湾仅一水之隔，有"东方麦加"之称，是对台文化交流的窗口。受地形条件限制，岛上原来仅靠两套 10kV 跨海电缆供电，且出现多次故障，抢修难度大，供电可靠性低，难以满足供电需求。而且，由大陆往岛内的供电线路过长，其中 10kV 线路约为 25km，末端电压较低。但是，湄洲岛上的妈祖庙政治意义较大，一年大概有 4～5 次保电任务。最多一次福建省电网公司共调拨 17 辆发电车赴湄洲岛保供电。湄洲岛储能电站紧邻湄洲岛海底电缆进岛开关站，遥望大海对侧 110kV 忠门变电站，储能电站出线接至开关站 10kV 母线，与海底电缆一起为全岛供电。

湄洲岛配电网属于典型的海岛末端配电网，供电半径长、电能质量差，但又因为政治意义重大，对配电网的供电可靠性要求极高。为此，国网福建省电力有限公司、中国电力科学研究院、许继集团、ATL 联合启动了建设湄洲岛储能电站，利用储能电站稳定湄州岛配电网末端节点电压水平，提高配电变压器运行效率，增强配电网对新能源及分布式电源的接纳能力，并在电网故障或检修时提供应急电源。本项目系国内首个直接接入 10kV 配电网的海岛储能工程项目。图 4-11 为湄州岛储能电站的结构示意图，该项目占地 400 余 m²，主要由 1MW/2MWh 的磷酸铁锂电池储能系统、两台 500kV 安双向变流器、系统监控及接入系统组成。工程投运后，可有效解决岛上低电压问题，在供电海缆受外力损坏导致全岛停电的情况下，满足岛上居民和电网抢修应急电力需求，有效缩短非正常停电恢复时间，保障海岛稳定供能。

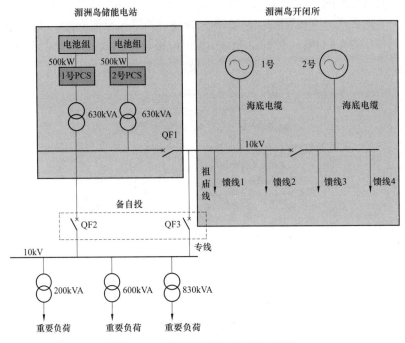

图 4-11　湄洲岛储能站结构示意图

1. 储能电站的作用

湄洲岛储能电站作为一个无新能源接入支撑的储能电站，主要以高度融入 10kV 配电网调度的方式参与电网运行，起到以下 3 个作用：

（1）日常运行时参与 10kV 主干配电网削峰填谷及提高电能质量。

（2）在 10kV 双回路海缆出现单回故障时，可利用自身的功率及能量，利用峰谷负荷差，为岛上 10kV 的有序用电提供强力支撑。

（3）当岛上有节庆日或者庙庆活动时，在紧急情况下（如全岛停电），可为其提供应急保供电服务。

2. 储能电站的运行模式

储能电站运行方式包括并网运行，离网运行和离网转并网运行 3 种方式：

（1）并网运行。

湄洲岛储能电站并网运行模式为在 10kV 主干配电网正常运行状态下启动，湄洲岛 2 回主干 10kV 海缆的安全供电电流在 280A 左右，而湄洲岛全岛 10kV 配电网最大负荷电流为 340A 左右，且高峰期有 2 个时段，为每天 12：00~14：00 和 18：00~20：00，且末端电压低，这个时候储能电站可以参与其削峰填谷及提高末端配电网电压，满足配电网的正常运行需求。图 4-12 为湄洲岛经削峰填谷后的日负荷曲线，图 4-13 为储能站的出力曲线。

（2）离网运行。

湄洲岛储能电站离网运行模式为在外界 10kV 配电网出现故障全岛停电时，此时储能电站通过检测到的系统失压信号自动由并网转成离网运行模式，此时储能电站主要为二级

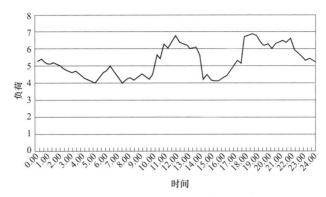

图 4-12　湄洲岛经削峰填谷后的日负荷曲线

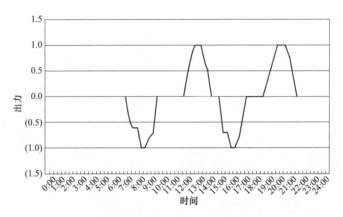

图 4-13　储能电站出力曲线

及以上负荷提供保供电任务。

（3）离网转并网运行。

当外界 10kV 配电网抢修恢复正常供电时，储能电站检测到并网点的主网侧恢复正常供电时，此时调度下发离网转并网运行模式，并网点开关合闸，储能电站由离网运行转成并网运行，全岛恢复正常供电。

3. 储能电站调度方式

根据实际情况，湄洲岛储能电站的调度方式分为以下两种：

（1）远程调控。

10kV 配电网正常运行时，电站后台监控处于运程调控模式，系统数据上传到配网调度中心，由配调监控，下发并网运行指令，实现储能电站并网运行。

正常情况：由配调根据日常负荷波动及电能质量情况下发充放电策略指令。

故障情况：当储能电站内部出现故障停机时，委托当地运维人员就地检查，并将故障信息上报配调。当 10kV 配电网出现故障停电时，储能电站并网点开关自动跳闸，为确保抢修人员安全起见，储能电站自动停机待命。

（2）就地控制。

当10kV配电网出现故障全岛停电或者重大活动需要保供电时，储能电站此时为有人在现场操作，运行人员可就地通过后台监控系统下发离网运行及离网转并网运行指令，实现储能电站的应急保供电功能。

4. 经济效益和社会效益

（1）稳定电网末端节点电压水平，提高供电可靠性，为农村、山区、海岛等地区的经济快速持续发展提供保障；

（2）降低变压器损耗率，提高配电网的运行效率；

（3）避免戒延缓新建输配电线路，节省宝贵的农网改造资金；

（4）提高输配电设备的资产利用率。

图4-14为湄洲岛储能电站的内部实景。

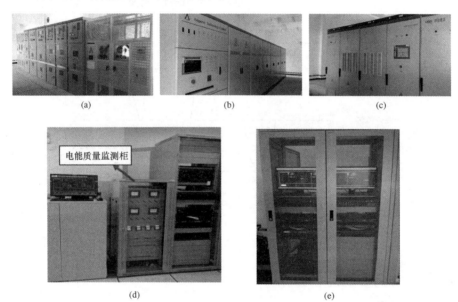

图4-14　湄洲岛储能电站内部实景

（a）湄洲岛储能电站并网系统及站用电设备；（b）湄洲岛储能电站1MW/2MWh电池柜；
（c）湄洲岛储能电站1MW能量转换装置；（d）储能电站电能质量监测软硬件平台；（e）储能电站电能监测系统软硬件平台

湄洲岛周边拥有丰富的可再生能源，因此，依托湄洲岛储能电站、莆田供电公司和福建电科院将引入国际新能源技术的新标准，在储能电站的基础上研发建设海岛"微电网"，目标将湄洲岛建成以风能、光能等可再生能源利用为特征的智能电网综合集成示范工程，构建以风光储充、智能需求侧响应以及覆盖多电压等级为特征的多功能互补交直流混合微电网。包括可再生能源、清洁智能电动汽车能源补给中心、智能用电以及智能家居等在内的"智慧生态海峡岛"，集发电、配电、用电于一体的能源网络，保障海岛稳定供能。

（三）深圳宝清电池储能站

深圳宝清电池储能站是我国建成的首座兆瓦级电池储能站，目前已投运6MW/18MWh，设计应用的电网功能包括削峰填谷、孤岛运行、系统调频、系统调压、热备用、阻尼控制、电能质量治理和间歇式可再生能源并网控制。电池储能站运行方式可分为手动计划曲线控制和高级应用优化运行控制方式。目前电池储能站运行方式为计划曲线方式（两充两放模式）。削峰填谷作为储能电站日常运行的主要功能，孤岛运行、系统调频、系统调压作为应对紧急情况的辅助功能。其中，系统调频分为日常运行的 AGC 功能和紧急情况下的一次调频，无功支撑分为日常运行的 AVC 功能和紧急情况下的动态无功支撑，孤岛运行因现场缺乏线路和负荷条件暂不实施。全站综合效率 80%，储能系统最优效率达 88%；现场试验表明储能站可以降低接入主变负荷峰谷差约 10%，可调节 10kV 接入母线频率±0.015Hz（0.3%），电压±0.2kV（2%）。2012 年 3 月，对电池长期运行的衰减情况进行了测试，运行一年多的电池经过循环充放电约 300 次后，电池单体容量衰减约 4%，电池模块容量衰减约 8%，符合预期。图 4-15 为宝清电池储能站的实景和模拟图。表 4-4 为深圳宝能电池储能电站效益分析。

图 4-15　深圳宝清电厂实景和模拟图

表 4-4　　　　　　　　　　　　深圳宝清电池储能电站效益分析

效益类型	单位容量年效益［元/(kW·年)］	容量分配（kW）
备用电源	7713.47	500
延缓发电装机（削峰填谷）	141.56	3750
延缓配电升级（削峰填谷）	693.33	
旋转备用	4380	500
负荷跟踪	141.56	
避免闪动	2100	250

（四）贵州安顺电池储能站

配电网中的电池储能主要应用模式有固定式储能站和集装箱分布式方式。根据分析，以深圳宝清电池储能站为例，投资成本中电池约占 50%、土建约占 22%、设计费占 9%、PCS、BMS 以及常规设备各占 5% 左右，价格为 5000 元/kWh；而与集中式储能方式相比，集装箱分布式储能预期可节省 30%～40% 的成本，大大节省厂房建设的费用，且现场安装费用低，价格为 3500 元/kWh。储能电站与移动式储能车的对比在表 4-5 中列出。

表 4-5 储能电站与移动式储能车的对比

性价比 \ 类型	储能电站	移动式储能车
投资成本	成本高，厂房建设费用占总投资金额的22%。价格5000元/kWh	成本较低，储能车可大大节省厂房建设费用，且现场安装费用低。价格3500元/kWh
灵活程度	面临征地的问题，灵活性低，且建设周期长，建站时间半年	具有很高的灵活性，移动性高，可即插即用，建设时间：几天至一个月
集成程度	集成化程度低，需在现场安装和调试，大大增加了时间和人力成本	集成化程度高，高度模块化，可在工厂完成出厂组装，可靠性高
运行效率	深圳宝清电池储能站储能系统运行效率为86%，计及站用电综合效率为80%	移动式储能车将精简设计，简化配套电气系统，实测效率约84%
应用场景	（1）接入配网侧用于削峰填谷，延缓发电和输配电系统的扩容；或用于系统调频调压，保证供电可靠性和电能质量。 （2）配合新能源接入，可以抑制输出功率的波动，提高电网管理大容量间歇性可再生能源发电的能力	（1）配网侧削峰填谷，减少建设成本。 （2）安装在某个用电区域，对该地区进行系统调频调压。 （3）安装在新能源电厂附近，配合新能源接入。 （4）作为移动式应急电源，取代应急柴油发电车，用于电力抢险、野外作业、抢险救灾、突发事件处理、临时供电等情形

贵州安顺电池储能站主要示范了储能系统在配网末端的应用，以解决馈线供电半径过长、电压过低的问题。集装箱式储能站容量为70kW/140kWh，投运后10kV配变高峰负荷时的负载率由原来的130%下降到现在的60%，用电高峰时段首末端电压分别提高了9%和21%。用户侧单相电压则由原来的175V提高到了216V，电压质量大幅提高，配变重载或过载问题得到了有效解决，同时有效降低了配网网损。图4-16为集装箱式储能电站与配电网连接示意图。图4-17为贵州安顺电池储能站实景。

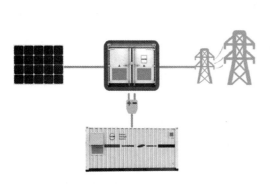

图 4-16 为集装箱式储能电站
与配电网连接示意图

图 4-17 为贵州安顺电池储能站实景

（五）加利福尼亚州莫德斯托变电站项目
该项目的主要作用是通过负荷转移（load shifting）来解决弃风问题，提高电网吸纳风电的能力。另外，还将研究电池的模块化、可移动性，延长电池的使用寿命，使电池的配置更加灵活。Primus 电力集团风电输出股东系统 Energy Farm™ 采用的电池技术为 Zinc-flow 锌氯液流电池，输出功率 100MW，额定容量为 300MW。该项目中，储能系统将主要起到削峰填谷的作用。另外，通过项目实施，预期还将达到以下目标：

（1）发展一个分布式的、可移动的、能够大规模发展的锌氯液流电池模块；

（2）减少系统的容量电费；

（3）增加系统柔性；

（4）验证模块的各项参数以及转换效率（期望值不低于 75%）。

项目的基本情况如表 4-6 所示。

表 4-6　　　　　Primus 电力集团风电输出固定系统 Energy Farm™基本情况

位置	加利福尼亚 Modesto Irrigation District 变电站
	莫德斯托灌溉区管理机构（Modesto Irrigation District）
	加利福尼亚州能源委员会（California Energy Commission）
	太平洋天然气电力公司（Pacific Gas & Electric）
	桑迪亚国家实验室（Sandia National Laboratory）
	美国电科院（Electrical Power Research Institute）
投资构成	总投资 4670 万美元，其中 DOE 补助 1400 万美元
项目进度	2011 年 10 月，模块测试
	2011 年 11 月，生产完成
	2012 年 11 月，组装 Energy Pods™
	2013 年 2 月，投运

该储能电站的 Energy Pods™电池系统包含了 Zinc-flow 电池、控制器以及其他组件，电站投运后将取代一个造价 7800 万美元的化石能源电厂。Energy Farm™ 主要起到削峰填谷的作用，在负荷高峰即电价高的时候想用户提供电源，在夜间负荷低的时候储存电能。通过负荷转移，解决弃风的问题，提高电网接纳风电的能力。在储能设备拥有者获利的同时，也会给客户带来减少容量费用（分部式电价）的收益。在桑迪亚国家实验室和美国电科院的帮助下，太平洋天然气和电力公司将对其进行模块化设计，以及对运行的情况进行现场测试。通过电池的模块化设计，可延长电池的使用，使其配置更灵活。另外，该项目还将带来一系列综合收益，如减少电能费用、促进新能源（主要是风电）的发展、减少碳排放以及促进电池产业的发展。

（六）移动储能直流融冰系统

在我国部分地区，每年冬季线路容易产生覆冰现象，2008 年年初的南方雨雪冰冻灾害时，曾造成南方多省山区配网大范围发生线路覆冰、倒杆断线。以往需要采取人工手段除冰，而采用基于锂电池移动储能电站的直流热力融冰，具备高度灵活机动的优点，可为配网除融冰提供快速应急手段。

福建电科院研制的国内首套移动储能直流融冰系统是集成套嵌于该院自主研制的移动

锂电池储能电站（图4-18），目前具备提供应急保供电、提高配电台区供电能力、为高山地区配网覆冰线路提供直流热力融冰的多样化应用功能。系统主要包含250kWh磷酸铁锂电池系统、125kW双向变流器、125kW直流变换器。最大能融化20mm覆冰，最长能融化5km10kV线路，也适用于35kV电压等级。它的融冰原理为：锂电池移动储能电站的直流输出搭接上配网覆冰中压线路，通过直流变换器调节，在覆冰线路上形成可控的直流电流，将存储于磷酸铁锂电池的电能源源不断转化为热力，使覆冰线路温度持续升高，最终把覆冰融化。通常情况下，不到1h便能帮一条10kV线路脱去"冰棉袄"。

图4-18 福建电科院研制的国内首套移动储能直流融冰系统

参 考 文 献

［1］董旭柱，郭小龙，陆志刚. 储能在配电网中应用的实践与思考［J］. 中国电力企业管理，2015，5：29-31.

［2］董旭柱，吴争荣，刘志文. 智能配电网研究热点［J］. 南方电网技术，2016，10（5）：1-9.

［3］季阳，艾芊，解大. 分布式发电技术与智能电网技术的协同发展趋势［J］. 电网技术，2010，34（12）：16-23.

［4］国家能源局. 关于印发配电网建设改造行动计划（2015—2020年）的通知［R］. 北京：国家能源局，2015.

［5］胡荣，任锐焕，杨帆，等. 配电网中储能系统优化配置研究［J］. 华东电力，2014，42（2）：345-349.

［6］吴福保，杨波，叶季蕾. 电力系统储能应用［M］. 中国水利水电出版社，北京，2014.

［7］张文亮，邱明，来小康. 储能技术在电力系统中的应用［J］. 电网技术，2008，32（7）：1-9.

［8］鲍冠南，陆超，袁志昌，等. 基于动态规划的电池储能系统削峰填谷实时优化 [J]. 电力系统自动化，2012，36（12）：11-16.

［9］丁明，徐宁舟，林根德. 电池储能电站静态功能的研究 [J]. 电工技术学报，2012，27（10）：242-248.

［10］陆志刚，王科，刘怡，等. 深圳宝清锂电池储能电站关键技术及系统成套设计方法 [J]. 电力系统自动化，2013，37（1）：65-69.

［11］丁明，徐宁舟，毕锐，等. 基于综合建模的 3 类电池储能电站性能对比分析 [J]. 电力系统自动化，2011，35（15）：34-39.

［12］颜志敏. 智能电网中蓄电池储能的价值评估研究 [D]. 上海：上海交通大学，2012.

［13］金一丁，宋强，陈晋辉，等. 大容量电池储能电网接入系统 [J]. 中国电力，2010，43（2）：16-20.

［14］张浩. 储能系统用于配电网削峰填谷的经济性评估方法研究 [D]. 北京：华北电力大学，2014.

［15］贾宏新，何维国，张宇，等. 分布式钠硫电池储能系统在美国的安装与应用 [J]. 华东电力，2009，37（12）：2032-2034.

第五章　储能电池在用户侧的应用

电网供电的可靠性对于用户十分重要，电网停电可能给用户带来巨大的经济损失。对于一些高新技术类型的企业，0.1s 的停电可能会导致大量产品的报废，损失可达数千万元之巨。此外，对于涉及公共安全的一些重要场合，突然停电可能会造成意外事故，如大型医院、银行、通信运营商等。因此，对供电可靠性要求高、负荷峰谷差大的大用户，可以采用储能系统作为 UPS，在供电突然中断或电能质量不佳时以毫秒级的切换速度迅速转入储能系统供电状态，保证用电设备的不间断供电。同时大用户安装储能系统以后，可以降低为提高供电可靠性而增加的配电系统冗余度，节省容量投资，而且在两部制的电价下，每月所需支付的容量电价减少，一方面可以减少容量电费，另一方面通过多购入低价电、少购入高价电而减少购电成本。用户侧安装储能系统可发挥峰值负荷管理，提高供电质量、作为后备电源提高供电稳定性和可靠性等作用。随着先进储能电池的不断发展，在西方国家储能设备已经不仅仅用于大用户，家庭储能设备已经开始兴起，并安装在大厦或者用户家中，发挥了积极的作用。

第一节　用户侧储能的作用

储能装置在电网中，无论从削峰填谷，还是从电网规划发展方面都起着举足轻重的作用。储能装置可以减轻由于经济发展而产生的电力不足压力，在用户侧配备储能装置对于用电量较大的客户其经济性十分显著。储能在用户侧的应用主要集中于用户分时电价管理、容量费用管理、电能质量管理 3 个方面。其中，实现分时电价管理和容量费用管理功能依赖于电力市场中存在分时电价和容量电价体系，目前我国的工业用电中已经存在这样的电价体系，部分省份的居民用电也进行了尝试，因此出现了一些储能应用的机会。电能质量管理则涉及很多方面，在用户端应用最广泛的是为提高供电可靠性而布置的 UPS 系统和铅酸电池、锂离子电池等储能技术的商业应用项目。

一、用户分时电价管理

电力系统中的负荷总量并不是一成不变的，随着时间的变化用电量会出现高峰、平段、低谷等现象，电力部门根据这些特点，将每天 24h 划分为高峰、平段、低谷等多个时段，对各时段制定不同的电价水平，即分时电价。基于零售电价，用户可以根据自己的实际情况安排用电计划，将电价较高时段的电力需求转移到电价较低的时段实现，从而降低总体电价水平的目的，即为分时电价管理。分时电价管理与移峰很相似，但分时电价管理是基于分时电价体系来实现的。

分时电价体系的进一步应用为储能技术在用户端进行分时电价管理提供了可能性。而随着能源紧缺，电价的不断提高，特别是工商业用电价格的提高，储能将逐渐被用户认可并获得更多的应用和示范机会。

对于一些用电大户，如大型钢铁企业（宝钢、首钢等）、大型制造业企业（富士康、三一重工等），无论是三班倒还是正常日班，其负荷曲线都会出现较大的峰谷差，而规划建设其专用的变电站时，都是根据其最大的负荷量设计的，这无疑会增加电网建设和运营成本，如果在用户侧加装储能装置，在用电低谷时将低廉的电能储存起来，在用电高峰时释放，将会带来相当大的经济效益，对电网和企业都是双赢的。

家庭"光伏+储能"模式在全球范围内得到了迅速的推广。2014 年美国用户侧储能只占全部储能项目的 10%，但其增长速度比电网侧和发电侧储能都快，有望在 2019 年占总装机的 45%。电费管理（包括电量电费和容量电费）是储能在用户侧应用的重要因素。以美国加州为例，截止到 2014 年底，在 SGIP 激励下开展的储能项目（包括规划、审批、在建和投运）总量达到 1118 个，容量为 75MW。Solarcity 的光储创新模式打开了储能在美国用户侧市场的应用之门，也使得其他国家的光伏和储能公司争相在本国打造光伏储能新模式，以期把市场需求、政策和金融整合起来，尽快实现光储项目的商业化应用。近期德国的用户侧储能市场也变得十分活跃，在德国政府储能安装费补贴、免征营业税和银行低息贷款等政策支持下，户用储能的经济性变得十分明显。据预测，光伏+储能系统将从2014 年的 10 000 套上升至 2015 年的 13 000 套，2017 年有望达到 60 000 套。澳大利亚和日本市场用户侧储能的发展也很快。2010 年 9 月，华北电力公司承担的国家电网公司智能小区试点项目——河北廊坊新奥高尔夫花园小区样板示范工程竣工。智能小区样板间安装了 10kW 分布式太阳能发电与储能设备，为家庭提供清洁能源，同时通过分布式太阳能发电管理系统，支持家庭根据电价高低选择电源，实现削峰填谷；并可为家庭提供应急备用电源。

二、容量费用管理

在电力市场中，存在两种形式的电价，一种是电量电价，另一种是容量电价。电量电价指的是按照实际发生的交易电量计费的电价，具体到用户侧，则是指的按用户用电度数计费的电价。容量电价与电量电价不同，主要取决于用户用电功率的最高值，与在该功率下使用的时间长短以及用户的总电量无关。也就是说，对于用电大户在申请专用变电站后，无论其用电与否，都是按所申请的最大容量每月交纳对应的基本电费。

配置储能系统是降低容量费用的方案之一。用户根据自己的用电习惯，在自身用电负荷低时段对储能设备充电，在需要高负荷时，利用储能设备放电，通过削峰填谷减少用户高峰时的用电负荷，等效于可以平滑的调节负荷的无功功率，从而减少变电站所需的容量和用户每月所交纳的容量电费。

在我国，工商业及其他用户中受电变压器容量在 100kVA 或用电设备装接容量在100kW 及以上的用户，实行两部制电价。两部制电价由电度电价和基本电价两部分构成，分别对应用户的用电总量和变压器容量（或最大需量）。已经存在的电价政策无疑给容量费用管理带来了一定的市场，合理有效的管理能为企业带来效益。

三、 电能质量管理

用户端从公用电网获得的交流电能的品质，关系到用户的直接经济效益、民用民生，也是电网企业提高服务质量和水平的关键考核指标。在理想状态下，用户获得的电能频率、电压、正弦波形等应该是恒定的，在三相交流电中，各相电压和电流的幅值应大小相等，相位对称、相位之间相差120°。

由于电力系统运行过程中的各种原因，如负荷性质多变，发电机、变压器和线路等设备的非线性等，导致用户所获得的电能不能够保持理想状态，影响了用户电力设备的正常工作，产生了电能质量问题。这些问题包括电压变化、电流变化、频率偏差等各个方面。另外，供电可靠性也是电能质量考虑的重要问题。供电可靠性是指供电系统持续供电的能力，可以用供电可靠率、用户平均停电时间，用户平均停电次数、系统停电等效小时数等一系列的指标来衡量。随着电子设备使用量的不断增长，电压、电流、频率偏差等电能质量问题也可能引起设备故障或不正常工作，如电压降低引起服务器重启、谐波导致热断路保护器跳闸等。因此，也有人将电压变化、电流变化、频率偏差等问题视为供电可靠性的一部分。

由于电能质量可靠性设计交流电的频率、电压等各个方面，因此需要多种设备在电力系统的多个环节进行控制和提高。例如，在发电端通过调频服务控制交流电频率，在发电端和输配电过程中通过无功补偿可以调节电压，通过设计配电网络结构以及在用户端布置应急和备用电源提高供电质量。

在用户端储能电能质量管理中，储能技术广泛地参与为提高供电可靠性而开展的项目中。低压侧用来提高供电可靠性的设备大致可以分为低压电力调节器以及应急和备用电源两种类型。低压电力调节器是通过改善电能质量来提高可靠性，主要有滤波器、隔离变压器、稳压器和过压保护器等设备。这些设备可以处理部分电能质量问题，但是由于没有储能元件，无法维持用电设备的连续运行。应急和备用电源系统室储备电源，主要的作用是保证设备运行的连续性。一些关键负荷必须要妥善地设计和启用应急备用电源，这些电源通常会独立于公共的电力系统或电网，用来确保供电可靠性和供电质量。其中，应急电源主要是确保故障发生时，负荷在几毫秒到几分钟的时间内不会中断运行，直到有稳定的电源启动恢复供电。备用电源可提供几秒到几天的连续供电，保持设备在长时间停电时仍能正常运行。目前，应急和备用电源广泛应用于各行各业，小型发电机、UPS、直流电源等都有应用。

另外，储能在用户端的其他应用也可以提高电能质量。例如，用作分时电价管理以及容量费用管理时，也可以用来参与管理用户的电能质量；如果用户采用屋顶光伏等分布式发电系统，其实本质上也是提高用户从分布式发电系统中获得的电能质量。

第二节 用户侧储能的经济性分析

从应用广泛性和经济性角度看，我国光储模式的发展还有较大的努力空间。首先，我国的光伏发电要想成长为一个可持续发展的新能源产业，就必须完善政策和补贴措施、创新商业和融资模式。目前国内主流分布式光伏商业模式仍然延续地面电站开发的模式，即项目业主自有资本金+银行融资的模式，新的融资渠道拓展有限，尚未形成光伏资产和社会资本之间的对接，通过产业投资基金撬动项目开发的模式仍处于讨论阶段。另外，从储能参与光伏项目角度看，由于缺乏储能相关政策支持，且储能成本较高，使得合理配备储能的项目不具备盈利性，也缺乏收益点来吸引资本市场的投入。最后，用户侧储能的一些附加价值，例如，利用较大的峰谷差实现低存高卖的套利、通过参与需求响应获得额外收益等一时在我国市场也很难实现。

因此，包括提高峰谷电价差、储能安装补贴、储能电价补贴等在内的政策支持是光储项目建设的一个不可或缺的因素；同时也希望已经开启的新一轮电改会为储能产业的发展提供一个更灵活和市场化的电力应用平台，更多地实现储能作为一个快速响应电源的价值。储能技术的完善和成本降低也是一个重要的储能应用推动因素；电动汽车的发展，促进了动力电池的产业化生产，有利于降低成本；各种储能技术在电信、交通、采矿、物流等领域的发展也会有利于降低技术成本，提高技术指标。只有在国家补贴政策的框架下，技术厂商和金融机构应通力合作，充分利用自身的专业能力、资金实力和市场经验，才能引导和推动适合中国市场的光储模式的发展。

储能技术的应用从来都不是孤立存在的，它的发展往往与可再生能源渗透率的提高、电力供应与消费效率的优化、低碳绿色生存环境的建立息息相关。化石能源匮乏、环境污染日益严重是全球面临的主要问题，作为经济高速发展国家，这些问题在中国尤为突出。电力需求侧管理作为降低能源消费量、提高能源使用效率的最有效手段之一，在需求侧的消费革命中会有很大的发展机会，前景不容忽视。电力需求侧管理指的是政府通过政策措施、电价机制等引导用户采取能效措施、改变用电行为，从而达到降低高峰用电、提高供电效率、优化用电方式等目的。电力需求侧管理包括能效管理和负荷管理两个部分。能效管理指通过用户采用先进技术和高效设备，实行科学管理，提高终端用电效率，减少电量消耗，取得节约电量效益和减少污染排放的效益。负荷管理即电力需求响应，具体指电力用户在调度信号、激励机制的驱动下，在尖峰用电时段或者电网不稳定时，改善自己的用电方式，从而降低高峰用电、维护电网稳定。

我国电力需求侧管理潜力巨大，全国共装有电力负荷管理系统装置超过 30 万台，投资规模约 250 亿元。可监测负荷约 1.5 亿 kW，监测面积达到大工业和非普工业的 50%，可控制负荷近 0.5 亿 kW，70% 以上的电力缺口通过需求侧管理措施解决。从我国近年来的电力持续负荷统计来看，全国 95% 以上的高峰负荷年累计持续时间只有几十个小时，采用增加调峰发电装机的方法来满足这部分高峰负荷很不经济。如果采用电力需求侧管理的方法削减这部分高峰负荷，可以缓解电力供应紧张的压力。

在分时电价情况下，用户侧配置储能系统主要考虑其在低谷时购入低价电，在用电高峰且电价高时用户通过储能系统放电自供所带的经济效益。主要考虑了储能装置为用户节省电费所带来的经济收益。

一、用户收益分析

1. 减少用户电量电费支出

分时电价情况下，用户侧配置分布式储能系统后，用户可以在用电低谷期即电费比较低时，对储能系统进行充电；而在用电高峰期，用户可以通过储能系统放电自供，从而减少用电高峰时高价电的购入量。因此可以减少用户购电费用。这部分所产生的价值，即为节省电量电费支出所产生的价值。因此，储能系统节省用户电量电费支出所产生的价值 R_1 可以用式（5-1）计算：

$$R_1 = n \sum_{t=1}^{24} p_t \times (P_t^+ - P_t^-) \tag{5-1}$$

式中　p_t——第 t 时段的电价；

　　　P_t^+——第 t 时段储能系统的放电量；

　　　P_t^-——第 t 时段储能系统的充电量。

2. 减少用户配电站建设容量

大中型电力用户配置储能系统后，可以减少申请专用配电变压器的容量。大中型电力用户的负荷曲线一般存在着一定的峰谷差，在规划建设其专用配电站时，主要根据自身最大负荷需求量确定专用配电系统的容量，特别是对供电可靠性要求较高的情况下，还需要考虑增加配电系统的冗余度，以提高配电站的供电可靠性。在用户侧配置储能系统，通过储能系统调峰填谷可以减少用电高峰时期从电网吸收的功率，从而减少所需建设配电系统的容量，一方面节省相应的容量投资，另一方面，在两部制电价情况下，节省容量电费的支出。因此，用户侧配置储能系统后减少用户配电站建设容量所产生的价值 R_2 可以用式（5-2）计算：

$$R_2 = \begin{cases} (k_d C_d + p_r)\eta P_{\max} & P_{\max} \leqslant P_c \\ (k_d C_d + p_r)\eta(2P_c - P_{\max}) & P_{\max} > P_c \end{cases} \tag{5-2}$$

$$P_c = P_{imax} - P_{av} \tag{5-3}$$

式中　P_c——负荷曲线所需的临界功率；

　　　k_d——电设备的固定资产折旧率；

　　　C_d——用户配电系统的单位造价，万元/MW；

　　　η——储能系统效率；

　　$P_{\max}$——储能系统最大放电功率，MW；

　　P_{imax}——用户日负荷最大值，MW；

　　　p_r——用户所需缴纳的年容量电费，万元/（MW·年）；

　　P_{av}——用户负荷平均功率。

3. 提高供电可靠性

在电力系统发生突发事故和电网崩溃时，重要电力用户为了防止电力中断，一般配置自备应急电源，避免损失的扩大。目前大部分重要电力用户采用分布式发电机组（如柴油发电机组）作为应急电源，但是这些发电机组在运行过程中会产生有害气体、噪声、振动等，而且对电力不足或市电中断的反应较慢（启动时间为 5~30s）、费用高、供电稳定性不强、供电电能质量也存在一定的问题。因此，采用这些分布式发电机组对供电稳定性和电能质量水平要求高的客户而言所减少的经济损失是有限的，而且不利于资源的优化配置，对环境存在一定的影响。而采用储能设备可以避免这些问题。

评价储能设备提高用户供电可靠性价值采用的替代成本方法，即其经济效益应按照用户不装设储能装置，而是装设备用电源所需的投资、运行费用、环境影响等来考虑用户所配置的分布式发电机组的年费用主要包括：年投资费用、年运行和维护费用、年环境影响费用。因此，发电机组的年费用可以用式（5-4）计算：

$$C_{DG}(P) = C_{cap} + C_{OM} + C_{EN} \tag{5-4}$$

$$C_{cap} = k_{DG}C_0 P \tag{5-5}$$

$$C_{OM} = \sum_{i=1}^{8760} (C_m + C_f) P_i t_i \tag{5-6}$$

$$C_{EN} = \sum_{i=1}^{8760} \sum_{j=1}^{J} P_i t_i Q_j p_j \tag{5-7}$$

式中　$C_{DG}(P)$ ——功率 P 的发电机组年费用；

　　　C_{cap} ——每年发电机组的年投资成本；

　　　C_{OM} ——发电机组年运行和维护费用；

　　　C_{EN} ——发电机组年运行产生有害气体所应承担的环境影响费用；

　　　k_{DG} ——发电机组折旧率；

　　　C_0 ——发电机组单位容量投资成本，万元/MW；

　　　P ——发电机组的额定功率，MW；

　　　C_m ——发电机组单位容量维护费用，万元/（MWh）；

　　　C_f ——发电机组单位容量运行费用，万元/（MWh）；

　　　P_i ——第 i 时段发电机组的发电出力，MW；

　　　t_i ——第 i 时段发电机组运行的时间，h；

　　　Q_j ——第 j 种污染物的产量，kg/（MWh）；

　　　p_j ——第 j 种污染物对环境影响的成本折算，万元/kg；

　　　J ——污染物的种类数。

因此，用户投资储能设备提高供电可靠性所产生的年效益 R_3 可以表示为式（5-8）：

$$R_3 = \begin{cases} C_{DG}(\eta \cdot P_{max}) & \eta P_{max} \leq P_N \\ C_{DG}P_N & \eta P_{max} > P_N \end{cases} \tag{5-8}$$

式中　P_N ——用户配置储能设备的额定功率；

　　　P_{max} ——储能设备的功率。

4. 改善电能质量

针对不同的电能质量问题，不同的电力用户会采取不同的应对措施。一般用户处理电能质量问题所使用的装置包含了配电系统静止补偿器，有源电力滤波，电容器，以及串联电能质量控制器等设备。分布式储能通过与电力电子交流技术相结合，同样也可以实现高效有功功率调节和无功功率控制，快速平衡系统中由于各种原因产生的不平衡功率，功率因素低等，从而改善用户电能质量。因此，用户投资分布式储能后，其减少电能质量补偿装置的投资所带来的年效益可以用式（5-9）计算：

$$R_4 = \sum_{k=1}^{K} C_{Qk} \tag{5-9}$$

式中　K——分布式储能可替代电能质量补偿装置的种类，$k=1$，2，…；

　　　C_{Qk}——第 k 类电能质量储能装置的年成本，万元/年。

当电能质量补偿装置为无功功率补偿装置时，无功功率补偿装置的成本可以用式（5-10）计算：

$$C_Q(Q) = k_q(\alpha + \beta Q_{max} - \gamma Q_{max}^2) \tag{5-10}$$

$$Q = P(\tan\phi - \tan\varphi) \tag{5-11}$$

$$\cos\phi < \cos\varphi \tag{5-12}$$

$$Q \leqslant Q_{max} \tag{5-13}$$

式中　α、β、γ——有电能质量补偿装置的成本参数，由供应商提供；

　　　Q_{max}——标准功率因数下，储能系统产生的最大无功，Mvar；

　　　k_q——无功补偿装置折旧率；

　　　P——储能设备的最大功率，MW；

　　　ϕ——负载功率因角；

　　　φ——电网公司要求用户所应达到功率因数角；

　　　Q——在功率因数 $\cos\varphi$ 运行下所需要补偿的无功功率，Mvar。

二、分布式储能系统投资成本分析

分布式储能的投资成本主要包括初始投资费用、运行维护费用，它们与分布式储能系统能量转换系统的最大功率以及储能部分最大储能容量有关。

1. 初始投资费用

分布式储能系统主要包括储能部分、能量转换系统和充放电控制系统。因此，分布式储能系统初始投资费用主要包括：储能装置投资费用、能量转化系统投资费用、充放电控制系统投资费用。其中，储能装置投资费用与储能系统的最大容量相关，能量转换系统和充放电控制系统的投资费用与储能系统最大传输功率相关。因此，其年初始投资费用 C_1 可以按式（5-14）计算：

$$C_1 = k_\omega c_\omega W_{max} + k_p c_p P_{max} \tag{5-14}$$

式中　k_ω——储能系统的固定资产折旧率；

　　　k_p——能量转换系统、充/放电控制系统、实现电能质量补偿装置监控系统的固定资产折旧率；

　　　c_ω——储能系统的单位造价，元/（MWh）；

　　　c_p——能量转换系统、充/放电控制系统、实现电能质量补偿装置监控系统单位造价，元/kW；

　　　P_{max}——储能系统最大传输功率，kW；

　　　W_{max}——储能最大储能容量，kWh。

2. 年运行维护成本

年运行维护费用主要包括：年运行费用、年维护费用、年损耗费用。因此，年运行维护费用 C_2 可以按式（5-15）计算：

$$C_2 = c_{mf} P_{max} \qquad (5-15)$$

式中 c_{mf}——单位功率的年运行维护成本，万元/（MW·年）。

三、储能系统经济性评价模型

综上所述，储能系统的年净收益可以表述为式（5-16）：

$$E_{annual} = R_1 + R_2 + R_3 + R_4 - C_1 - C_2 \qquad (5-16)$$

以储能系统年净收益最大为目标函数，得出储能系统各部分收益，以及在峰谷电价下储能系统的优化运行策略及最佳投资规模。最后，以储能系统年投资利润率说明其经济性。

$$\max E_{annual} = \max(R_1 + R_2 + R_3 + R_4 - C_1 - C_2) \qquad (5-17)$$

$$s.t. \begin{cases} \sum_{t=1}^{24} P_t^+ = \eta \sum_{t=1}^{24} P_t^- \\ \sum_{t=1}^{24} P_t^+ \leqslant W_{max} \\ 0 \leqslant P_t^+,\ P_t^- \leqslant P_{max} \\ 0 \leqslant W_t \leqslant W_{max} \end{cases} \qquad (5-18)$$

约束条件式（5-18）中，第1个约束条件为一天内储能系统充放电电量平衡约束；第2个约束条件为最大放电量约束；第3个约束条件为充放电功率约束；第4个约束条件为 t 时刻储能系统中所剩电量约束。

储能系统经济性采用年投资利润率进行分析，储能系统年投资利润率可以用式（5-19）计算：

$$r\% = \frac{E_{annual}}{c_\omega W_{max} + c_p P_{max}} \qquad (5-19)$$

设储能标准投资利润率为 $\Delta r\%$，则当 $r\% \geqslant \Delta r\%$ 时，储能系统的投资应予以肯定；反之，应予以否定。

第三节 储能电池在用户侧的应用实例

随着消费者家庭和企业利用储能电池弥补屋顶太阳能电池和其他可再生能源系统的不足之处，全球储能市场将翻一番。未来10年，锂离子电池将成为主流储能技术，到2025年将占到全球储能市场的逾80%。仅2016年，全球储能市场将翻番，容量将由2015年的140万kWh增长至290万kWh。据IHS预测，到2025年，全球并网储能系统容量将激增至2100万kW。逾半数储能系统安装在消费者家庭和企业，推动力是自用和备用需求。未来10年美国和日本将是最大的储能市场，占到市场营收——500亿美元（约合人民币

3326 亿元）的三分之一。到 2025 年，澳大利亚和日本储能系统容量将超过发电装机容量的 5%，突显出储能系统在电网稳定性、再生能源整合和能源管理方面不断增长的重要性。美国和日本是储能系统市场领头羊，但是，随着电池成本持续下降，储能系统也被应用在南非、肯尼亚、菲律宾和其他国家。

（一）工业、商业用户储能设备

随着商业和工业储能系统越来越多样化，越来越具竞争力，现代建筑节能管理企业和机构更加重视储能技术的应用。根据 Navigant Research 发布的报告透露，2016 年，世界商业和工业储能产业收入预计约为 9.684 亿美元。能效管理技术的逐步发展将促进这一产业收入不断增长。Navigant Research 认为到 2025 年，世界商业和工业储能产业收入将增至 108 亿美元。尽管成本等挑战依然存在，但是 2016 年，世界商业和工业储能部署规模约为 499.4MW，预计到 2025 年，跳增至 9.1GW。工业建筑将是最大需求市场，预计到 2025 年，工业建筑对储能系统的部署规模来不及超过 9.3GW，其次是办公楼和教学楼。

工业生产和商业建筑使用储能系统的情况包括：不与电网连接的自主供电，提高替代能源的利用，不间断供电的备用电源，电力高峰调节或者线路负载的优化等。比亚迪股份有限公司生产的用户侧铁电池储能电站在深圳坪山新区比亚迪厂区落成。据了解，该储能电站占地面积 1500m²，建设容量 20MW/40MWh，由比亚迪电力科学研究院自主承建。该储能电站可实现工业园用电负荷自主调解，是目前全球最大的用户侧铁电池储能电站。以铁电池技术为核心的储能电站，相比于抽水蓄能、压缩空气储能等现有储能技术，具有明显的成本和运行寿命优势，经济效益突出，需求巨大，应用前景广阔。全球电力需求逐年增长，用电高峰和低谷的负荷差距越来越大，电池储能电站作为一项新兴技术，将给电网储能领域带来革命性的技术更新，具有巨大的社会效应和经济效应。图 5-1 为用户侧铁电池的外观。

图 5-1　比亚迪用户侧铁电池

比亚迪固定式储能电站，由铁电池组、系统控制单元（包含逆变器，开关柜，变压器等）、控制中心、环境控制单元、地下线缆五个部分组成。比亚迪储能电站，用电低谷时向电池组充电储能，用电高峰期时电池组放电回馈电网，对电网进行局部错峰调谷，均衡用电负荷；还可存储太阳能电站产生的电能，将太阳能与储能电站完美结合，实现太阳能的有效储存，突破时间和气候限制，解决了全天候使用太阳能的难题。比亚迪将致力于开发 MW~GW 级能源厂和城市、工业变电站水平储能电站。

比亚迪铁电池良好的运行效果为电力行业大容量调峰储能提供了基本的可行性环境，也为储能柜开发奠定了良好的基础。比亚迪移动式储能电站具备合理的空间布局，卓越的安全性能，整个储能系统的使用寿命在 20 年以上。储能系统采用模块化、标准化设计，每年的维护成本很低。在需要时，几台储能柜联合使用即可达到 MW/GW 级储能电站水平，提供灵活的能量扩展；并可作为应急电力需求和后备电源补充及电动汽车的移动充电设备。

比亚迪储能电站的适用场合如下：
（1）负荷波动大的工厂、企业、商务中心等；
（2）需要具备"黑启动"功能的发电站；
（3）发电质量有波动的太阳能、风能和潮汐能发电站；
（4）需要夜间储存能量以供白天使用的核能、风能等发电设施；
（5）因环保问题限制小型火力调峰发电站或其他高污染发电站发展的区域；
（6）户外临时大型负荷中心。

（二）家庭用储能设备

特斯拉目前销售家用和商用锂离子电池储能系统，其中包括"无缝"融合屋顶太阳能电池与电池储能系统。随着企业和家庭房顶安装的太阳能电池数量不断增长，美国电网系统承担了它们预料之外的负担：双向电力传输。电网需要向消费者输电，安装有太阳能电池的消费者可以把电力输送给电网。Navigant Research 首席分析师阿尼思·德汉姆纳（Anise Dehamna）说，"世界上没有一个电网是针对这种情况设计的。所有电网都是针对电力的非双向传输设计的——由电网向终端用户输电。"事实上，如果没有电池储能系统，美国电网会崩溃。图 5-2 为各国能源市场储能的发展预测。

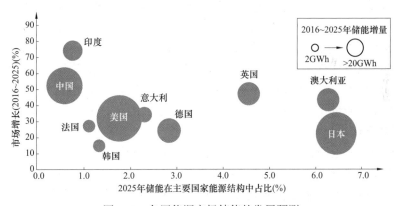

图 5-2　各国能源市场储能的发展预测

电动汽车厂商特斯推出了一系列电池方案，其中，被称为"特大号充电宝"的家用电池系列备受瞩目，虽说家庭蓄电设备并不新鲜，但由于许许多多主观客观的原因，特斯拉的这个"特大号充电宝"在业内外引发了轩然大波。根据特斯拉官网的介绍，特斯拉发布的家用电池名为"家庭电池能量墙（Powerwall Home Battery）"，其是被设计用来在居民住宅里存储能量的可充电的锂电池，它将实现转移负荷、电力备份及太阳能发电自给。能量墙 Powerwall 包含特斯拉锂电池包、液态热量控制系统和一套接受太阳能逆变器派分指令的软件。这一整套设备将被无缝安装在墙壁上，并能和当地电网集成，以处理过剩的电力，让消费者灵活使用自己的能源储备。图5-3为特斯拉电池墙的工作原理。

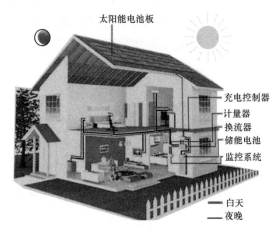

图5-3　特斯拉电池墙的工作原理

具体来说，特斯拉家用电池可以在电力需求低谷的时候低价充电，在电价更高的需求高峰时段输出电能；家庭电池能量墙Powerwall能增加家庭太阳能使用的容量，同时在电网中断的时候提供电力备份保障。Powerwall采用了与ModelS电池相同的架构、电池管理系统和技术。但电池单元并非是同样的。

特斯拉能量墙Powerwall提供2个版本：备份应用优化的10kWh版和日常使用优化的7kWh版。特斯拉给安装商的价格是10kWh/3500美金（2.17万元人民币），7kWh/3000美金（1.86万元人民币），其中不包括安装费和逆变器的费用。尺寸为1300mm×860mm×180mm，重量为220磅，持续电量2kW，峰值电量3kW，充放电能效大于92%。运行温度范围为-20~50℃，官方给出的保质期是10或20年。

特斯拉的电池组含有基于实践检验的标准锂离子电池。这和很多其他企业在市场上推出的产品类似。尽管许多公司和学术机构实验室正在研究和开发上投入数十亿美元，以显著增加电池储存的能量，并且降低其费用，但在实质性的突破进入市场前还需要很多年。

（三）新能源汽车

电动汽车与智能电网相结合的V2G技术是一种新近发展中的技术。由于电动汽车较长时间地处于停止状态，车载电池作为储能单元，与电网的能量管理系统建立通信，从而达到电动汽车与智能电网能量转换互补的目的。利用V2G技术，使电动汽车具有潜在地参与较小规模电力电网系统调峰调频、电能质量保证和备用电源等应用。电动汽车蓄电池（如铅酸、锂电池等）甚至超级电容器都有可能作为V2G系统的储能单元。如日本NEC、美国Maxwell等公司在电动汽车、轨道交通系统等领域中就运用了超级电容技术。日本式智能电网政府实现目标：电动汽车/插电式混合动力占新车的百分比从0.4%上升到2020年的20%，通过V2H技术，EV/PHV提供大容量储能电池，也可以用于电力峰值转移或应急电源，来提高电力汽车/插电式混合动力汽车储能电池的应用。

1. 纯电动车

特斯拉等公司非常看重锂离子电池在全电动汽车和储能系统领域的应用。特斯拉投资 50 亿美元（约合人民币 333 亿元）的超级电池工厂投产——尽管只完成了 14%。到 2018 年，超级电池工厂将能生产出足够多电池，使特斯拉可以把电动汽车产量提升到每年约 50 万辆。特斯拉计划在 2018 年左右发售其价格最低的电动汽车型号 Model 3。特斯拉首席执行官埃隆·马斯克（Elon Musk）预计，到 2020 年，超级电池工厂生产的电池总功率将达到 3500 万 kW，目标是通过规模经济把每千瓦时电池容量成本降低逾 30%。图 5-4 为特斯拉汽车的结构和电池组。

图 5-4 为特斯拉汽车的结构和电池组

宝马 i3 是宝马公司最具代表性的新能源汽车产品。从技术价值来看，宝马 i3 有三个需要关注的点。

（1）电池技术或与特斯拉一致，公开资料现实 i3 的电池采用的是三星和博世的合资电池，这家公司叫 SDI。三星 SDI 是世界水平的平板显示器专业企业，绿色节能相关产业是其新的市场增长点。根据林燃对 SDI 的相关检索，这家公司可以说是新能源上游一个巨头的存在，三星 SDI 可以提供电气动力化、电芯、高压电池系统、低压电池系统等一揽子电动车解决方案，这显示出韩国电池企业正在赢得世界范围内的许可。虽然目前宝马并未公布其电池应用的是哪种材料，但根据三星 SDI 的技术路径来看 NCM（三元锂材料）是其当前的主要技术路线，由此可推断，宝马 i3、i8 采用的都应该是跟特斯拉相同的三元锂电池。

（2）与特斯拉不同的散热设计思路，高压锂子蓄电池被放置在 Drive 模块中，这有些像硬盘，电池是存储介质，Drive 则是硬盘壳，因此也就可以像电脑一样有独立的散热系统。电池搭载电池管理系统（BMS. Battery Management System）可确保性能和安全，长寿命的电芯确保了整车性能的一致性，三星 SDI 已开发出高压电池系统的包装方案并正为全球汽车的 OEM 开发各种项目。三星 SDI 的高压电池业务中也包括 HEV 用电池模块、HEV 用电池包、PHEV 用电池模组、PHEV 用电池组四部分，这四部分的特点就是一方面重视防护性能，另一方面可以实现对电芯之间的温差的一致性管理。

（3）轻量化设计一方面让减轻车体重量，同等的电量可以跑更远的距离，另一方面可以确保车辆的安全性。宝马 i3 的车身结构被称为 "LifeDrive 结构"，其是首个专门为纯电力驱动汽车设计的汽车结构。它由两个相互独立的单元组成：Life 模块，即碳纤维制成的乘客舱，以及由底盘组件、驱动组件和高压锂电池构成的 Drive 模块。该结构的优势是通过将所有驱动组件稳固安放在下部模块，免去了中央通道对内部空间的占用，让乘客拥有更多空间。

图 5-5 为宝马 i3 电动车及其车身结构。

图 5-5　宝马 i3 电动车及其结构

2. 混合动力新能源汽车

丰田普锐斯的混动系统构型堪称完美，近 20 年都无需大改，沿用至今。丰田的混动一直以镍氢电池为主，该系统在镍氢电池中拥有世界最高水平的输入输出密度，且轻型、耐用，具有高输入输出密度、重量轻、寿命长等特点。该套系统无需利用外界电源进行充电，也无需定期交换。全新设计了以往的电极材料及单电池（一个 HV 蓄电池）之间的连接结构，减少了 HV 蓄电池的内部电阻，因此安装在普锐斯上的电池单元实现了约

540W/kg的输入输出密度，居世界最高水平。另外，还使用车辆加速时的放电、减速时的再生制动器，以及用发动机行驶时产生的剩余能量来进行充电，从而累积充电放电电流，使充电状态保持稳定。图5-6为丰田使用的镍氢电池。

图 5-6 丰田使用的镍氢电池

直至第4代普锐斯才提供了锂电池与镍氢电池两个版本，锂电池组，仅有56个Cells，而镍氢电池组则有168个Cells，因此两者在成本价格上相去不远，且输出电压也在伯仲之间，但锂电池组的重量较镍氢电池组轻了16kg。与锂电池相比，镍氢电池有固有的劣势，可以预见到，丰田在不远的将来，将不得不转为以锂电池为主。图5-7为丰田混动技术的原理图。

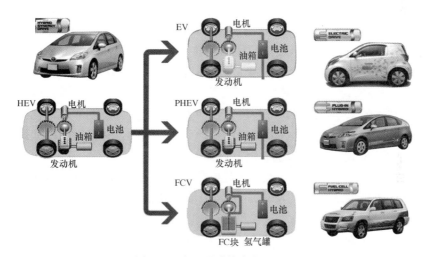

图 5-7 丰田混动技术的原理图

通用汽车公司是锂电混动技术的巨头。从最原始的BAS系统（皮带助力微混）到插电的沃蓝达及SPARK电动车，都坚决采用了锂电池路线。通用涉足电动车的历史可能要追溯到1990年（甚至更早），通用当年推出了一款电动车"Impact"，并提供给用户进行试用。尽管该项目后来搁浅，试用的样车也被尽数回收，但是通过该项目积累了大量的电动车经验和技术，用在后续的VOLT、BEV以及BOLT上。后续从VOLT开始，大规模使用锂电池技术。即使只有0.5kWh电池的上一代君越eAssist，都采用了锂电池，要知道同时代别的微混车都在用铅酸。因此，通用在锂电池应用这一领域可谓占尽了先机，是第一个在所有从混动到纯电动都使用锂电池的厂家。可以说，通用是锂电池车用领域"第一个吃螃蟹的人"，这也是为什么要把通用单独拎出来，作为"锂电池派"的典型。图 5-8 为通用早期混动汽车照片，图 5-9 为通用汽车采用的锂电池组。

图 5-8　通用早期混动汽车

图 5-9　通用汽车采用的锂电池组

通用锂电池派与丰田镍氢电池派相比，有以下区别：

（1）能量密度。电池的主要用途是储存能量，因此能量密度是电池的最重要参数，在这方面锂电池对比镍氢电池有较大的优势。以 2012 年推出的第三代普锐斯镍氢电池为例，1.3kWh 容量，重量却达到 53.3kg，能量密度才 24.4Wh/kg；而同时代通用推出的 VOLT，采用锂电池，电池包容量 16kWh，重量为 181.4kg，能量密度为 88.2Wh/kg，两者能量密度差了差不多 4 倍。通用的最新产品，BOLT 使用的电池包为 LG 的层状电池 60kWh、435kg，其能量密度达到了 138Wh/kg，最近上市的君越混动版本，采用了第二代 Voltech，使用 1.5kWh 电池包，可为 60kW 和 54kW 的两个电机提供动力，功率密度可见一斑。

从这个角度来看，丰田还停留在中度混合动力的阶段，以短期降低油耗为目的，而对未来的战略并不明朗；而通用是冲着深度混合动力方向去的，甚至为纯电动做好了技术铺垫，混合动力—插电式—纯电动的技术路线已经非常明确。

（2）电池容量。从电池容量来说，普锐斯的电池容量仅能提供不到 10km 的纯电动行驶，而通用 VOLT 则可以提供多达 60km 的纯电动续驶里程。因此，丰田对于电池的思路就是辅助系统，而通用则把电池放到了和发动机同等重要的位置上。也就是说，丰田的混合动力还是以发动机为主，比如研发了阿特金森循环发动机，而通用的混合动力则把电池放在了较为重要的地位。

（3）电池管理技术水平。从技术角度，锂离子电池系统比镍氢电池系统要复杂，技术难度更大。锂电池虽然能量密度高，使用寿命长，但对温度更加敏感，需要设计复杂的热管理系统。例如，通用第二代 VOLT 设计了多种模式的热管理系统，可以用废热给电池加热，也可以用空调给电池冷却，设计非常节能和精妙，有效地增加了电池寿命和性能。而镍氢电池对温度敏感性较差，设计简单的热管理系统即可。通用锂离子电池包较大（比如VOLT 电池容量是普锐斯的十多倍），使用更先进的均衡技术、充放电控制技术等，使得Volt 的电池组内的温度差可控制在 2℃以内，有力地支持了 8 年的电池组寿命保证期。

通用的凯迪拉克 CT6 电池管理技术来源于第二代 Volt 电池管理的技术基础，也充分展示了在电池集成与管理方面的最高水平：由 3 段 96S2P 电池（96 个电芯 Cell，每个电芯包含 2 个电芯对 Cell Pair）组成，外部由高压压铸铝板进行相应的保护，内部还包含必须的高低压线束以及散热管 Thermal Plumbing，并在电芯间加入了水冷散热鳍片，模块化设计使得可以灵活配置电池组的外形与容量。图 5-10 为通用汽车采用的水冷散热鳍片的示意图，图 5-11 为模块化电芯的组装示意图，图 5-12 为多个电芯组成的电池组。

图 5-10　电芯间水冷散热鳍片的示意图

图 5-11　模块化电芯的组装示意图

图 5-12　多个电芯组成的电池组

参 考 文 献

［1］苏伟，等. 化学储能技术及其在电力系统中的应用［M］. 北京：科学出版社，2013. 8.

［2］中商产业研究院. 储能时代来临提速商业化进程［J］. 电器工业，2016，7：26-29.

［3］夏振超. 广州供电局智能用电小区的关键技术应用研究［D］. 广州：华南理工大学，2012.

［4］樊高松，张媛. 用户分布式储能的经济性分析［J］. 电力学报，2015，30（5）：390-396.

［5］颜志敏，王承明，连鸿波，等. 计及缺电成本的用户侧蓄电池储能系统容量规划［J］. 电力系统自动化，2012，36（11）：50-53.

［6］虞胜东，华寅飞，胡志勇. 在智能电网体系下用户侧储能装置的经济性分析［J］. 电力系统及其自动化，2013，35（2）：62-64.

［7］王钢，丁茂生，李晓华，等. UPS 供电系统可靠性与经济性综合研究［J］. 中国电机工程学报，2005，25（12）：73-77.

［8］邓永清，滕永霞. 锂电在电动汽车中的应用［J］. 科技创新与应用，2016，24：135.

［9］黎春星. 大型工业企业只能电网构建研究［D］. 武汉：华中科技大学，2012.

［10］刘建戈. 用户侧储能装置的研究［D］. 南京：东南大学，2006.

［11］邢洁. 储能系统对用户供电可靠性的影响储能系统用户侧技术分析［J］. 电气应用，2016，11：14-15.

［12］宋永华，阳岳希，胡泽春. 电动汽车电池的现状及发展趋势［J］. 电网技术，2011，35（4）：1-7.

第六章 储能电池在分布式微电网的应用

大型互联电网（大电网）实现了电力资源的优化配置，成为电力系统的主要供电形式。目前，以大电网为主的电力系统承载着全球大约 80%～90% 的电能输送，但随着电力系统的不断扩大和发展，其的脆弱性也慢慢地显露出来。典型的由于大电网故障出现的电力灾难包括：2003 年美加大停电事故波及 5000 万人，也让许多公共交通设施停摆；2008 年中国南方冰灾，导致 450 万人在没有电的情况下生活了两个星期之久；最严重的全球大停电当属 2012 年印度大停电，连续两日的断电使 6.7 亿人受灾，同时诸多工厂停工、商业停滞以及列车中断。图 6-1 为美加大停电、我国 21 世纪以来大规模停电事故、印度大停电示意图和 21 世纪全球十大停电事故。[图 6-1（c）来源于《新京报》]

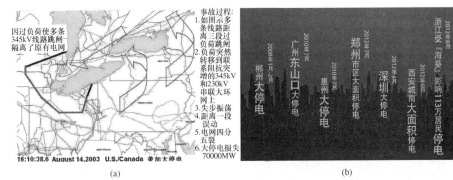

(a)   (b)

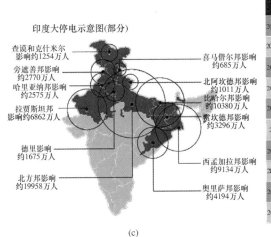

印度大停电示意图(部分)

查谟和克什米尔影响约1254万人
旁遮普邦影响约2770万人
哈里亚纳邦影响约2575万人
拉贾斯坦邦影响约6862万人
德里影响约1675万人
北方邦影响约19958万人

喜马偕尔邦影响约685万人
北阿坎德邦影响约1011万人
比哈尔邦影响约10380万人
贾坎德邦影响约3296万人
西孟加拉邦影响约9134万人
奥里萨邦影响约4194万人

(c)

时间	国家	停电原因	后果
2012-7-30	印度	三大电网瘫痪	全印度一半地区多达6亿人受影响
2012-11-10	巴西	闪电致电路故障	停电持续4小时，巴西境内5000万人受影响，邻国巴拉圭全国断电15分钟
2007-4-26	哥伦比亚	电厂技术故障	全国供电网络中断
2006-11-4	西欧多国	德国一高压线路关闭	西欧多国发生严重停电事故，约1000万人受影响
2006-9-24	巴基斯坦	输电线路维修	首都伊斯兰堡以及全国主要城市均被波及，全国70%以上的居民受影响
2006-7-1	中国	高压线路故障	河南5市停电，并影响到周边河北、湖南、江西等各省电网
2005-9-12	美国	电站员工操作失误	洛杉矶大面积停电，5000万人受影响
2005-8-18	印度尼西亚	电网故障	全印尼1亿人受影响
2003-8-14	美国、加拿大	纽约一发电厂遭雷击	美国东北部与加拿大部分地区发生大面积停电，约5000万人受影响
2002-1-21	菲律宾	电缆故障	吕宋岛电力供应全部中断，全国4000万人受影响

(d)

图 6-1 大电网停电事故

（a）美加大停电示意图；（b）我国 21 世纪以来的大规模停电事故；（c）印度大停电示意图；（d）全球 21 世纪以来的十大停电事故

造成各种大停电的主要原因是电网事故发展迅速、极易扩散、涉及面大，大电网系统的弊端主要有：①运行方式灵活性较差，对用户个性化、多样化的用电需求兼容性较差；②技术复杂，对运行管理水平要求较高，若局部事故处理不当容易引起连锁反应，甚至会造成系统崩溃；③受自然环境和投资成本的限制，无法对偏远地区负荷供电；④环保友好性差。随着经济的发展和人们生活水平的提高，世界能源消费量大幅增长，能源短缺和环境污染问题日益严重。因此，为解决用电需求和能源紧缺、资源利用和环境保护之间的矛盾，大力发展以可再生能源（Renewable Energy Sources，RES）为代表的分布式微电网技术具有重要意义。

第一节 分布式微电网

微电网是分布式发电的重要形式之一，是指将一定区域内分散的小型发电单元（分布式电源）组织起来，形成一个微型网络为本区域的当地负荷供冷、热和电或与传统电网并联。微电网既可以通过配电网与大型电力网络并联运行，形成一个大型电网与小型电网的联合运行系统，也可以独立的为当地负荷提供电力需求。灵活的运行模式大大提高了负荷侧的供电可靠性。同时，微电网通过单点接入电网，可以减少大量小功率分布式电源接入电网后对传统电网的影响。另外，微电网将分散的不同类型的小型发电源（分布式电源）组合起来供电，能够使用小型电源获得更高的利用效率。

一、微电网的定义

（一）分布式电源

分布式发电技术是指发电功率在数千瓦到数十兆瓦，利用各种可用和分散存在的能源，包括 RES 和本地可方便获取的化石类燃料进行发电供能的技术。分布式能源（Distributed Energy Resources，DER），也称为微电源，包括分布式电源（Distributed Generation，DG）和分布式储能（Distributed Storage，DS）两种类型。DG 主要技术类型有风力（Wind Turbine，WT）发电、光伏（Photovoltaic，PV）发电、燃料电池（Fuel Cell，FC）发电和微型燃气轮机（Microturbine，MT）发电等；DS 主要技术类型有蓄电池（Battery，BAT）储能、超级电容（Supercapacitor，SC）储能和飞轮储能等。分布式发电技术的迅速发展给人类社会带来了巨大的经济效益和环境效益，如：DG 可以就地向用户提供电能，减少线路损耗，延缓大电网升级改造速度；DG 与大电网配合使用可以提高供电可靠性，并且 DG 启停速度快，具有良好的调峰性能；DG 污染气体排放量少，有利于减轻环境压力等。尽管 DER 优点突出，但大规模并网特别是 RES 并网会引发一系列的问题，影响电力系统安全运行。为此，分布式电源并网标准规定，当电力系统发生故障时，DG 必须马上退出运行。这限制了 DG 的充分发挥，反而可能会导致电网运行情况的进一步恶化。

为充分发挥 DG 给电网和用户带来的技术、经济和环境效益，减小 DG 并网对电网的影响，人们提出了微电网的概念。微电网的提出与发展，不是要取代传统集中式大电网，而是作为大电网的有益补充。微电网主要具有以下优点：

（1）可以解决大规模 DG 并网问题，有利于配网系统的运行和管理；

（2）可以减小系统备用容量；

（3）可以解决偏远地区负荷供电问题；

（4）能够向负荷提供冷热电三联供，大大提高能源利用率；

（5）有助于大电网故障时向重要负荷持续供电，提高供电可靠性；

（6）能够提供负荷侧电压支持，改善电能质量；

（7）有助于 RES 和清洁能源的优化利用，减少环境污染。

微电网技术作为一个较前沿的研究领域，上述优点已被美国、欧盟和日本等发达国家的能源部门大力发展，今后必将在我国得到广泛应用。

（二）微电网

微电网的概念及其相关技术获得了世界很多国家的重视和推广，但是，由于各国电网标准不同，对微电网的定义不尽相同。美国电力可靠性技术解决方案协会（Consortium for Electric Reliability Technology Solutions，CERTS）定义微电网为：一种由负载和微电源组成的系统，可以同时向用户提供电能和热能，内部的能量转换和功率控制主要通过电力电子器件完成，对外部大电网而言表现为单一的可控单元，并能满足用户对电能质量和供电安全的要求。图 6-2 是 CERTS 提出的微电网基本结构，包括 3 条馈线 A、B 和 C，分别连接敏感负荷、可调节负荷和传统负荷，整个网络呈放射状。馈线 C 通过公共连接点（Point of Common Coupling，PCC）与大电网直接相连，馈线 A 和馈线 B 经过静态开关（Static Breaker，SB）后再通过 PCC 与大电网相连，可实现孤岛与联网运行模式间的平滑无缝转换。其中，A 和 B 为敏感负荷（重要负荷），安装有多个分布式发电单元，馈线 A 中含有一个运行于热电联产的分布式发电单元，该分布式发电单元向用户提供热能和电能。馈线 C 为非敏感性负荷，孤岛情况下微电网内部过负荷运行时，可以切断系统对 C 的供电。当区域电网出现故障停电或电力质量问题时，微电网可通过主动断路器切断与电网的联系，孤岛运行。此时，微电网的负荷全部由分布式发电单元承担，馈线 C 继续通过母线得到来自主网的电能并维持正常运行。如果孤岛情况下无法保证电能的供需平衡，可以断开馈线 C，停止对非重要负荷供电。当故障消除后，主断路器重新合上，微电网重新恢复与主电网功角同步运行，保证系统平稳过渡到孤岛前的运行状态。

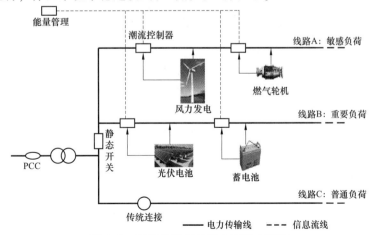

图 6-2 CERTS 提出的微电网基本结构

欧盟（EU）给出的微电网定义为：微电网是一个由不同类型的分布式电源、储能装置和负荷（分为不可控、部分可控和全控三种）组成的小型电力系统；它既可以并网运行，也可以孤岛运行，同时提供冷、热、电（Cooling，Heating and Power，CHP）三联供；使用电力电子设备进行能量转换和控制。图 6-3 是欧盟提出的微电网基本结构，其中的微电网采用基于分层控制结构的能量管理系统框架。该框架由配电管理系统（Distribution Management System，DMS）、微电网中央控制器（Microgrid Central Controller，MGCC）和本地控制器组成。DMS 负责管理微电网和电力系统调度中心之间的信息交换；MGCC 是大电网与微电网之间的接口，根据 DMS 和本地控制器提供的信息，实现微电网运行优化；本地控制器包括微电源控制器（Microsource Controller，MC）和负荷控制器（Load Controller，LC），前者控制微电网中 DER 单元的输出功率，后者控制微电网内部负荷的投切状态，两者共同作用以保持系统功率平衡，保证微电网安全稳定运行。

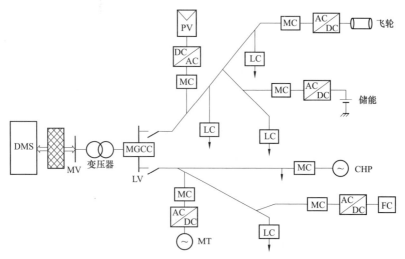

图 6-3　EU 提出的微电网结构

日本为应对国内能源紧张、负荷增长的现状，着重新能源的开发和利用，专门成立了新能源产业技术开发部门（New Energy and Industrial Technology Development Organization，NEDO）。该部门对微电网的定义：在一定区域内利用可控的分布式发电装置，根据用户需求提供电能的小型供电集团。

总结美国、欧洲、日本等国的微电网试点工程，微电网应该具有以下四个基本特征：

（1）微型。微电网电压等级一般在 10kV 以下；系统规模一般在兆瓦级及以下；与终端用户相连，电能就地利用。

（2）清洁。微电网内部分布式电源以清洁能源为主或是以能源综合利用为目标的发电形式。天然气多联供系统综合利用率一般应在 70% 以上。

（3）自治。微电网内部电力电量能实现基本自平衡，与外部电网的电量交换一般不超过总电量的 20%。

（4）友好。微电网对大电网有支撑作用，可以为用户提供优质可靠的电力，能实现并网/离网模式的平滑切换。

我国对微电网并没有进行明确定义，但是结合我国电网实际情况，可以把微电网定义为：能量来源主要为可再生能源；发电系统类型可为内燃机、微型燃气轮机、太阳能电池、风电机组、燃料电池和生物质能等；系统容量为 20kW ~ 10MW；网内用户的电压等级为 380V 或 10.5kV，需要和外部电网进行能量交换时，可按照微电网的具体应用情况确定电压等级。

尽管各国对微电网的定义并不相同，但是基本可以确定的是，微电网是以储能系统、多个分布式发电单元等能源为核心，由一个中央能量管理器参与微电网中的电力调度，以保证微电网可靠运行。微电网靠近电力负荷聚集区，可以作为配电网的有益补充，当配电网出现故障时，微电网就可以给那些重要负荷和敏感负荷供电，保证最基本的交通和生活，给电力系统的抢修赢得时间。

安全经济稳定运行是微电网追求的一个重要目标，微电网优化及相关控制技术则是实现这一目标的关键。微电网中所包含的微电源类型、容量以及位置对微电网运行有着很大的影响，如何对微电网进行电源配置是微电网规划设计阶段要考虑的主要问题。微电网中的分布式能源类型多样，既包含光伏电池、风电机组等不可控型电源，又包含燃料电池、微型燃气轮机等可控型电源，还包含各种储能装置以及新型负荷（电动汽车和换电站等），如何合理安排这些电源的出力是体现微电网技术经济性和环境友好性的关键，关系到微电网能否成功并入现有电力系统运行并推向市场化。分布式能源通常采用电力电子接口电路与微电网相连，这增加了分布式能源接口控制的灵活性，减少了系统惯性，使得系统在维持能量平衡及频率稳定等方面的控制难度增加，如何根据分布式能源特性，按照运行要求设计微电网控制策略，是微电网能否可靠运行的关键。

二、微电网的分类

（一）按资源条件和应用场合

按照资源条件和应用场合，可以分为以下两类：

（1）独立微电网。

独立微电网可分为沿海岛屿微电网及偏远地区微电网。沿海岛屿微电网主要分布在我国辽宁、山东、浙江、福建和广东，该类微电网的分布式电源主要技术类型为风电、光伏发电、垃圾发电和燃油机组。此外，印度、马来西亚、印尼等东南亚国家是微电网的新兴市场。这些地区海岛众多，无电人口比例大，有些岛屿的无电人口覆盖率甚至高达 70%。鉴于这些岛屿的地理因素和经济状况，微电网成为唯一的解决方式。目前这些国家的政府已经发布解决无电人口的目标与计划，马来西亚沙巴洲、Mersing 群岛等已经成功引进微网系统解决当地供电问题，更多的岛屿对包括储能在内的微网技术的需求在增加。偏远地区微电网主要分布在西藏、甘肃南部、青海、四川北部、云南、内蒙古和新疆，其分布式电源主要技术类型为风电、光伏发电、小水电和燃油机组。此类微电网主要针对大电网未覆盖的地区。

（2）联网微电网。

联网微电网的特点是微电网内部电力电量基本平衡，既可联网运行，也可以脱网孤岛运行。从运营模式来看，可以分为电网运营模式和独立运营模式两种。

（二）按容量大小分类

从供应独立用户的小型微电网到供应千家万户的大型微电网，微电网的规模千差万别。根据应用场合的不同，从容量角度可以将微电网分为4个规模等级：

（1）单个设施级微电网。

单个设施级微电网的负荷容量小于2MW，一般只含有一种类型的分布式电源，如冷热电联供系统和屋顶光伏发电系统，主要应用于小型工业或商业建筑、大的居民楼以及医院等单幢建筑。该类微电网的典型特征是惯量较小，需要配置后备电源以供孤岛运行时使用。

（2）多个设施级微电网。

多个设施级微电网的负荷容量2~5MW之间，微电网中可能含有不止一种类型的分布式电源，应用于包含多种建筑物、多样负荷类型的网络，如校园、军事基地、工业和商业综合区及居民区等。

（3）馈线级和变电站级微电网。

馈线级微电网的负荷容量在5~10MW之间，它管理一条配电网母线内所有单元的运行。该类微电网可能由多个包含单一或多样化单元的较小型的微电网组合而成，可能为中压级别，适用于公共设施、政府机构及监狱等场合。变电站级微电网的负荷容量在5~10MW范围内，它包含整个变电站主变二次侧所接的多条馈线，管理连接到配电网变电站的所有发电或负荷单元的运行情况，适用于容量稍大、有较高供电可靠性要求、较为集中的用户区域。

单个和多个设施级微电网有并网和孤岛两种运行方式，并能在两种方式间平滑切换，以提高供电质量及能源利用效率。馈线级和变电站级微电网有利于停运管理和较大规模可再生能源的接入，可延缓电网升级改造，增强阻塞管理、辅助服务等方面的能力。

（三）按传输的电能性质分类

根据配电线路传输电能的性质，微电网分为交流微电网、直流微电网和交直流混合微电网3种类型。

（1）交流微电网。

图6-4为一种典型的交流微电网结构。在交流微电网中，光伏和燃料电池发电单元通过单向流动的DC/AC变换器与交流母线相连，超级电容和蓄电池储能单元通过双向流动的DC/AC变换器与交流母线相连，风力发电单元、燃气轮机发电单元和飞轮储能单元通过全功率背靠背变换器与交流母线相连，交流负荷直接与交流母线相连，直流负荷通过单向流动的AC/DC变换器与交流母线相连。交流微电网经升压变压器升压后再接入大电网，通过控制PCC端口处的静态开关SB实现微电网并网运行与孤岛运行模式的转换。

（2）直流微电网。

图6-5为一种典型的直流微电网结构。在直流微电网中，光伏和燃料电池发电单元通过单向流动的DC/DC变换器与直流母线相连，超级电容和蓄电池储能单元通过双向流动的DC/DC变换器与直流母线相连，风力发电单元和燃气轮机发电单元通过单向流动的AC/DC变换器与直流母线相连，飞轮储能单元通过双向流动的DC/AC变换器与直流母线相连，交流负荷通过单向流动的DC/AC变换器与直流母线相连，直流负荷根据电压等级

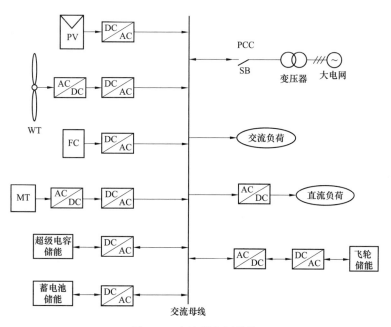

图 6-4　交流微电网结构

可直接与直流母线相连或通过单向流动的 DC/DC 变换器与直流母线相连。直流微电网经过一个集中式的双向流动的 DC/AC 变换器与大电网相连，通过控制 PCC 端口处的静态开关 SB 以实现微电网并网和孤岛双模式运行。交流微电网和直流微电网的优缺点比较见表 6-1。

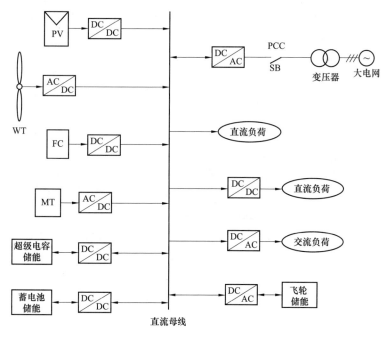

图 6-5　直流微电网结构

表 6-1 交流微电网和直流微电网的比较

微电网类型	优点	缺点
交流微电网	① 电压变换较为容易, 有多种电压等级可供选择; ② DER 通过各自的变流器接入交流母线, 若某个装置出现故障, 该装置很容易被隔离, 且变流器容量也相对较小; ③ 继电保护技术成熟, 市场上有模块化的产品	① 需要考虑微电源之间的同步问题; ② 需要调整功率因数, 减少谐波对系统的影响
直流微电网	① 不需要考虑微电源之间的同步问题, 在环流抑制方面更具优势; ② 相同条件下系统变流转换次数少, 系统损耗小, 线路传输容量大; ③ 只需两条导线, 建设成本较低; ④ 直流母线电压是系统稳定的唯一标准, 系统控制相对简单, 更易于实现各微电源间的协调控制	① 有电极腐蚀问题; ② 直流微电网的设计缺乏统一的标准与规范; ③ 直流微电网的保护、关键设备制造等技术还不成熟; ④ 由于通常采用 DC/AC 装置与交流电网相连, 若该装置发生故障, 则整个直流微电网无法向交流电网供电

(3) 交直流混合微电网。

典型的交直流混合微电网结构如图 6-6 所示。从整体结构分析, 交直流混合微电网实际上仍可看作是交流微电网, 直流微电网可看作是一个独特的电源通过电力电子装置接入交流母线。在交直流混合微电网中, 既有交流母线又有直流母线, 直流母线通过双向流动的 DC/AC 变换器与交流母线相连, 交流母线通过 PCC 与大电网相连。交流负荷既可以直接连接在交流母线上, 也可以通过单向流动的 DC/AC 变换器连接在直流母线上; 根据直流供电电压大小, 直流负荷既可以直接连接在直流母线上, 也可以通过单向流动的 DC/DC 变换器连接在直流母线上, 或者通过单向流动的 DC/AC 变换器连接在交流母线上。

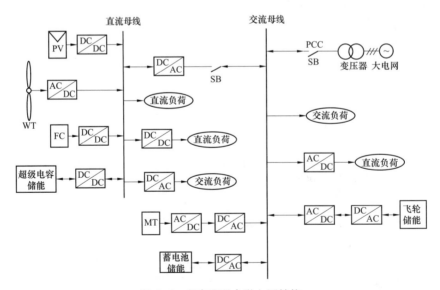

图 6-6 交直流混合微电网结构

三、微电网并网标准

为规范和引导分布式电源及微网的健康发展，指导分布式电源及微电网并网规划、设计与运行以及相关设备的研制，有必要研究和制定分布式电源及微电网接入电网的相关标准，确保人身、设备和电网的安全以及用户的电能质量和供电可靠性，充分发挥分布式电源及微电网的积极作用。

1. 国外标准

原有电力系统互联标准主要为大型发电站和电力调度而设计的，不完全适用于分布式电源并网情况。20世纪90年代后期，国际标准化组织和各国电力公司制定了分布式发电和微电网并网的相关标准。世界上主要标准化组织国际电工委员会（International Electrotechnical Commission，IEC），美国电气与电子工程师协会（Institute of Electrical and Electronics Engineers，IEEE），以及德国、英国、加拿大、日本等主要国家在分布式电源和微电网并网方面发布的主要标准见表6-2。

表6-2 国外分布式电源及微电网并网领域主要标准列表

标准类型		标准名称
分布式电源及微电网并网标准	IEEE标准	IEEE 1547 分布式电源与电力系统互联系列标准
		IEEE 519：1992《电力系统谐波控制建议和要求》
		IEEE 242：1996《工商业电力系统保护和协调建议和实践》
	IEC标准	IEC 63547：2011《分布式电源与电力系统的互联标准》
		IEC TC8 PT62786《用户侧电源接入电网》
		IEC/TS 62898-1《微电网总体规划和设计导则》
		IEC/TS 62898-2《微电网运行和控制技术要求》
	主要国家标准	德国 VDE-AR-N 4105：2011-08《发电系统接入低压配电网并网指南》
		德国《发电厂接入中压电网并网指南》
		德国 DIN EN 50438：2008《与公共低压配电网并联运行的微型发电机的连接要求》
		英国 BS EN 50438：2007《微型发电设备接入低压配电网技术要求》
		英国 ER G59/1《5MW以下嵌入式发电厂接入20kV及以下公共配电系统推荐标准》
		英国 ER G75/1《5MW以上嵌入式发电厂接入20kV以上公共配电系统推荐标准》
		英国 ER G83/1《小型嵌入式发电设备接入公共低压配电系统推荐标准》
		加拿大 C22.2 NO.257《基于逆变器的微电源配电网互联标准》
		加拿大 C22.3 NO.9《分布式电力供应系统互联标准》
		澳大利亚《全国电力市场微电源连接指南》
		新西兰 AS 4777.1：2005《能源系统通过逆变器并网 第1部分：安装要求》
		新西兰 AS 4777.2：2005《能源系统通过逆变器并网 第2部分：逆变器要求》
		新西兰 AS 4777.3：2005《能源系统通过逆变器并网 第3部分：电网保护要求》
		日本《并网技术要求指导方针》
		日本 JEAG 970：1992《分散型电源系统联网技术指南》

标准类型		标准名称
针对特定类型分布式电源的并网标准	IEC 标准	IEC 61727《光伏系统并网特性》
		IEC 61400《风电系列标准》
	IEEE 标准	IEEE 929：2000《光伏并网操作规程建议》

2. 国内标准

相比于西方发达国家，我国在分布式微电网的研究和标准化方面起步较晚。近年来我国出台了《可再生能源法》等政策法规，支持和推动分布式能源发展。在分布式电源及微电网并网方面，中国电力企业联合会和国家电网公司也进行了积极的努力，分别在分布式并网领域4项、微电网领域8项，行业标准分布式电源并网领域6项，微电网领域6项。微电网与分布式电源并网标准体系的研究和编制，内容涵盖微电网与分布式电源并网的规划设计、调试验收、并网测试、运行控制等内容。

有编号的国标是已经发布的，GB/T 33593—2017《分布式电源并网技术要求》和GB/T 33592—2017《分布式电源并网运行控制规范》已经发布。还有分布式电源并网继电保护技术规范和分布式电源并网工程调试与验收标准已经立项。行标周期相对短，除了继电保护，所有分布式电源行标都已经发布了，如分布式电源接入配电网技术规定、分布式电源接入电网测试规范、分布式电源接入电网运行控制规范、分布式电源接入电网监控系统功能规范、分布式电源孤岛运行控制规范。分布式电源继电保护装置运行管理规程已经立项。

第二节　储能系统在微电网中的作用及优化配置

一、储能系统的作用

在微电网中，可再生能源由于容易受到天气影响具有很多不稳定因素，而储能系统性能稳定，可以进行功率调整来达到微电网的稳定运行。储能系统在微电网中的作用主要有以下几个方面：①储能系统可以为微网供电，当大电网突发故障，微电网断开电网，孤岛运行时，储能系统就可以补充微网的功率缺额。当可再生能源受风、阳光等不定因素影响而不能产生满足负荷需求的电能时，功率由储能系统进行补充。②储能系统可提高微网的电源性能。储能装置可以使不可调度的光伏和风电这种受外界影响很大的微电源作为可调度电源使用。③储能系统可进行电力调峰，有效避免功率不平衡和资源的浪费。用电低峰期时，储能系统可储存多余的电能，用电高峰期时，储能系统可释放多余的电能。④储能系统可有效改善电能质量。微电网如果与大电网并网运行，就要满足并网要求，微电网通过调节储能来吸收或释放功率以维持微网系统功率平衡，达到改善微网电能质量的目的。可再生能源作为微电源时，天气条件很容易影响其输出功率变化，但是将它们与储能装置结合使用就可以避免电能质量下降、电压突变等问题。

（一）提高分布式电源利用率

目前，除少数地区的风能、太阳能、生物质能等能源可大规模集中利用外，大部分地区的可再生能源是以分布式电源的形式出现的。由于这些分布式电源具有明显的随机性、间歇性和布局分散性的特征，因此随着分布式电源越来越多地与大电网联合运行，将会给电力系统的运行和控制带来不利影响。

微电网可将原来分散的分布式电源进行整合，集中接入到电网中，但微电网内部不可调度的分布式电源如太阳能、风能等，受天气等自然因素影响较大，依照既定发电规划，会产生弃光、弃风等问题，浪费了大量的新能源资源。储能在微电网中应用后，可以在特定的时间提供所需的电能，有效平衡分布式电源的功率偏差，确保整个微电网系统可以按照预先制定的发电计划进行发电。储能系统提高分布式电源利用率如图 6-7 所示。

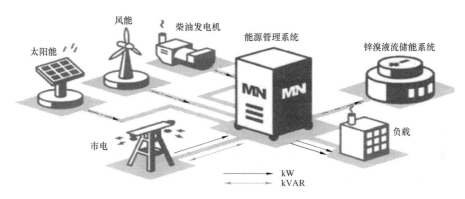

图 6-7　储能系统提高分布式电源利用率

配置有储能系统的微电网系统可作为一个可控的电源或负荷，具有一定的可调度性与可预测性。由于微电网中存在分布式电源和负荷的功率供需具有较强的波动性，配置储能可对两者实现功率平衡，能在多个时间尺度上实现系统功率的准确控制，为微电网适度的可调度性与可预测性提供保障。

当分布式电源接入微电网时，可利用储能系统平抑其波动特性。即大电网可通过功率调度控制微电网系统内的储能系统与分布式电源的联合输出特性，使微电网系统参与到大电网的峰谷调节中，从而减缓系统的升级压力、提高负荷率。

（二）提高微电网离网运行稳定性

微电网有两种典型的运行模式：①正常情况下微电网并入常规配电网中，为并网运行模式；②当检测到电网故障或电能质量不满足要求时，微电网及时与大电网断开从而独立运行，成为离网运行模式。为实现切换过程中分布式电源与负载的连续运行，需确保微电网内部的有功无功功率平衡，安装储能设备有助于弥补功率缺额，实现两种模式的平衡过渡。

微电网中的电源以逆变型为主，不具备传统电网较大的系统惯性和较好的抗扰动能力，分布式电源的间歇性变化和负荷的随机投切会造成微电网内部有功无功的瞬时不平衡，进而引起系统电压、频率的波动，影响系统的稳定运行。此外，由于微电网线路的阻抗参数值较大，系统有功和无功不能充分解耦，使得传统的稳定控制手段不能有效运行。

在独立运行模式下启动微电网，需要稳定的电源提供电压频率支撑。通过逆变装置储能可实现稳定可控的交流电压输出，具有担当稳定电源的技术优势，有助于微电网快速实现黑启动，维持负荷供电。储能系统提高离网运行稳定性如图6-8所示。

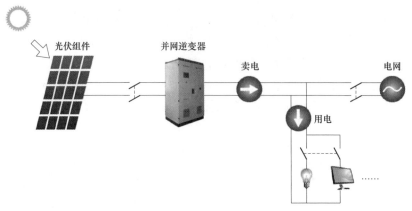

图6-8　储能系统提高离网运行稳定性

储能通过功率变换装置，可快速吞吐有功和无功功率，控制微电网内部的节点电压和潮流分布，实现对微电网电压和频率的调节控制，其作用等效于传统电力系统的一次调频。此外，通过储能系统的能力支撑作用，还可实现系统故障时的并离网平滑切换，提高风电和光伏等间歇性电源接入时的运行稳定性。储能系统进行稳定控制时，其所需的支撑时间一般为毫秒级或秒级，需要的储能量较少，在技术上和经济性上均较为可行。

（三）改善微电网电能质量

微电网的运行机制和分布式电源的特性决定了其在运行过程中易产生电能质量问题。分布式电源对微电网的启停、微电网对配电网的投切过程、微源和负荷的随机性功率变换，都会产生如电压波形畸变、直流偏移、频率波动、功率因数降低和三相不平衡等电能质量问题。尤其是在包含风电或光伏等可再生能源发电的微电网中，其输出功率的间歇性、随机性以及基于电力电子装置的发电方式会进一步加剧微电网的电能质量问题。储能系统根据微电网的运行状态，能快速调整自身的功率输出，抑制系统电压和频率的波动，削减系统主要的谐波分量，实现系统平衡运行，改善微电网的电能质量。

此外，储能系统还可在配电网出现故障的情况下，通过平滑切换与其快速解列，避免微电网内部出现电源中断等问题。在配电网出现电压跌落及闪变的情况下，储能系统可快速提供无功支撑，提高局部区域的电压稳定性，改善微电网电能质量。

二、储能与系统优化配置

与分布式发电相比，微电网的发电量一般按照就地消纳原则，其容量配比多以负荷为依据确定；风光配比应充分利用当地风光资源的互补性，使得总体风光输出功率尽量平稳、波动性最小；在考虑经济性的前提下，储能在极端情况下需保证微电网系统内重要负荷持续供电一定时间。由于微电网中分布式电源容量较小，分布式电源波动对主电网影响不大，因此储能系统的配置主要取决于负荷需求。根据微电网的不同应用模式，储能系统可分别在并网型和离网型微电网中进行配置。微电网并网运行时，储能系统依据峰谷电价差按照白天放电，晚上充电的方式运行；微电网离网运行时，储能系统按照白天充电，晚上放电的方式工作。

（一）储能系统在微电网中的基本结构

分布式微电网的能量管理特点决定了单一的储能元件很难同时满足需求，因此大部分微电网中的储能系统都采用混合储能技术。混合储能技术不同于单一储能元件，它将不同优缺点的储能元件有机的组合在一起，优劣互补，将每种储能元件的作用最大化。目前研究最多的是将功率型储能元件和能量型储能元件组合成一个混合储能系统。这样的混合储能系统可以同时满足微电网对长时间大容量和瞬时大功率的需求。现在的研究中，蓄电池与超级电容器的组合最为常见，利用它们在功率和能量上的互补，提升了混合储能系统的整体性能。

储能系统的安装位置灵活多变，根据其接入微电网的方式不同可分为集中式和分布式两种。集中式混合储能是指将不同的储能装置通过不同的 DC-DC 变换器接到同一交流母线上，然后通过 DC-AC 变流器连入微电网的交流母线，集中式混合储能系统如图 6-9 所示。这种混合储能方式安装和运行成本较低，且对混合储能的控制更为简单。目前蓄电池和超级电容器组成的混合储能系统较多，技术也较为成熟，所以应用更为广泛。

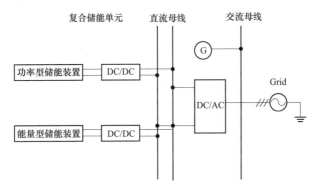

图 6-9　集中式储能装置结构图

分布式混合储能系统可根据不同的需求，将不同性能的储能装置安装在需要的位置，同时一个储能装置对应一种分布式电源，组成了一个小型的微电网，微电网就由若干个子微电网组成，可通过对各子微电网的控制来控制微电网，更为简单可靠。图 6-10 为分布式混合储能系统的结构之一。这种结构的混合储能系统便于对储能装置的检查、维修、替换以及扩容，但是其安装成本高于集中式混合储能系统的安装成本。

（二）储能系统的功率约束条件

并网型微电网系统可从主网获取能量，应以储能系统的循环寿命最长为优化目标，根据光伏/风力发电的最大功率和波动情况，选择满足运行条件的储能类型。以电池储能系统为例，系统的运行功率应在允许的充/放电倍率范围内，超过允许的 SOC 范围时，禁止储能电池运行。

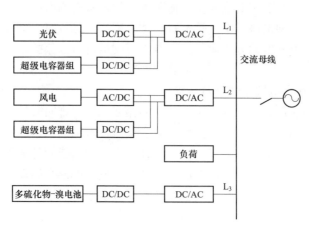

图 6-10　分布式储能装置结构图

在离网型微电网中，储能系统需能够独立提供负荷的用电需求，不再从主网索取能量。

以风/光/储微电网为例，在并离网双模式运行的微电网系统中，为满足储能系统 SOC 的要求，储能电池的功率至少在一年内任一时间段 t，都应满足式（6-1）：

$$P_{\text{ES}, t} \geqslant \max \left| P_{\text{L}, t} - (P_{\text{WG}, t} + P_{\text{PV}, t}) \right| \tag{6-1}$$

式中　$P_{\text{ES}, t}$——储能电池的额定功率；

　　　$P_{\text{L}, t}$——负荷的功率需求；

　　　$P_{\text{WG}, t}$——风力发电的瞬时功率；

　　　$P_{\text{PV}, t}$——光伏发电的瞬时功率。

（三）并网型微电网中储能的优化配置

储能电池夜间充电，其充电电量首先来自于风电，然后由主网不足剩下的充电电量。当储能电池的 SOC 达到 $\text{SOC}_{\max}$ 时，停止充电。储能电池的充电电量可以用式（6-2）表示：

$$E_{\text{ES, ch}} \geqslant \max \left[E_{\text{L, N}} - (E_{\text{WG}} + E_{\text{G}}) \right] \tag{6-2}$$

式中　$E_{\text{ES, ch}}$——储能电池的充电电量（为负值）；

　　　$E_{\text{L, N}}$——夜间负载所需的电量（为正值）；

　　　E_{WG}——风力发电提供的电量（为正值）；

　　　E_{G}——电网提供的电量（可以为 0 或正值）。

白天运行时，光伏和风力发电供给负载，不足的部分优先由储能电池提供。当储能电池的 SOC 达到 $\text{SOC}_{\max}$ 时，停止放电。储能电池的放电电量用式（6-3）表示：

$$E_{\text{ES, dis}} = \max \left[E_{\text{L, D}} - (E_{\text{WG}} + E_{\text{PV}} + E_{\text{G}}) \right] \tag{6-3}$$

式中　$E_{\text{ES, dis}}$——储能电池的放电电量（为正值）；

　　　$E_{\text{L, D}}$——白天负载需要的电量（为正值）；

　　　E_{PV}——光伏发电提供的电量（为正值）。

综上，储能电池额定能量 E_{ES} 的取值参照式（6-4）。

$$E_{E_S} = \max \left[\frac{\left| P_{E_S, \text{ch, max}} \right|}{C_{E_S, \text{ch, max}} \times (SOC_{E_S, \text{max}} - SOC_{E_S, \text{min}}) \times \eta_{E_S, \text{ch}}}, \right.$$

$$\frac{P_{E_S, \text{dis, max}}}{C_{E_S, \text{dis, max}} \times (SOC_{E_S, \text{max}} - SOC_{E_S, \text{min}}) \times \eta_{E_S, \text{dis}}},$$

$$\frac{E_{E_S, \text{max}}}{(SOC_{E_S, \text{max}} - SOC_{E_S, \text{min}}) \times \eta_{E_S, \text{ch}}},$$

$$\left. \frac{\left| E_{E_S, \text{min}} \right|}{(SOC_{E_S, \text{max}} - SOC_{E_S, \text{min}}) \times \eta_{E_S, \text{dis}}} \right] \qquad (6-4)$$

式中　$P_{E_S, \text{ch, max}}$ ——储能电池的最大充电功率，kW；

$\quad\quad C_{E_S, \text{ch, max}}$ ——储能电池允许的最大充电倍率，h^{-1}；

$\quad\quad SOC_{E_S, \text{max}}$ ——允许的最大 SOC 值，%；

$\quad\quad SOC_{E_S, \text{min}}$ ——允许的最小 SOC 值，%；

$\quad\quad \eta_{E_S, \text{ch}}$ ——充电效率，%；

$\quad\quad P_{E_S, \text{dis, max}}$ ——最大放电功率，kW；

$\quad\quad C_{E_S, \text{dis, max}}$ ——允许的最大放电倍率，h^{-1}；

$\quad\quad \eta_{E_S, \text{dis}}$ ——放电效率，%。

储能电池允许的充放电倍率，充放电效率、允许的 SOC 范围根据电池的特性参数而定。假设储能电池的而定电压为 U_B（V），则储能电池的而定容量 C_B（Ah）可以用式（6-5）表示：

$$C_B = \frac{1000 \times E_B}{U_B} \qquad (6-5)$$

值得注意的是，实际仿真过程中应基于电池 SOC 值、温度实时调整平滑时间常数 t，修正储能电池的实时输出功率，避免由于过度充放电影响储能本体的健康，延长储能电池的使用寿命。

（四）离网型微电网中储能的优化配置

白天，光伏和风力发电供给负载，多余的电能向储能电池充电。当储能电池的 SOC 到达 SOC_{max}，停止充电。储能电池的充电电量可以用式（6-6）表示：

$$E_{E_S, \text{ch}} = \max \left[E_{L, D} - (E_{WG} + E_{PV}) \right] \qquad (6-6)$$

夜间负载的供电需求来自于风机和储能电池，当储能电池的 SOC 到达 SOC_{min}，停止放电。储能电池放电量如式（6-7）所示：

$$E_{E_S, \text{dis}} = \max \left[E_{L, N} - E_{WG} \right] \qquad (6-7)$$

此外，还应考虑极端情况下，如无日照、风速不满足发电条件时，电池组的最大供电时间 t，允许的 SOC 范围（SOC_{max}、SOC_{min}），系统转换效率 η，系统的平均容量等。因此，储能电池的额定容量还应满足式（6-8）。

$$E_{E_S, L} \geqslant \frac{\max \left| \bar{E}_L \times t \right|}{(SOC_{E_S, \text{max}} - SOC_{E_S, \text{min}}) \times \eta} \qquad (6-8)$$

综上，储能电池额定能量 E_{E_S} 的取值如式（6-9）所示：

$$E_{E_S} = \max\left[\frac{|P_{E_S,\text{ch,max}}| \times \eta_{E_S,\text{ch}}}{C_{E_S,\text{ch,max}} \times (SOC_{E_S,\text{max}} - SOC_{E_S,\text{min}})}, \right.$$

$$\frac{P_{E_S,\text{dis,max}}}{C_{E_S,\text{dis,max}} \times (SOC_{E_S,\text{max}} - SOC_{E_S,\text{min}}) \times \eta_{E_S,\text{dis}}},$$

$$\frac{E_{E_S,\text{max}} \times \eta_{E_S,\text{ch}}}{(SOC_{E_S,\text{max}} - SOC_{E_S,\text{min}})},$$

$$\left. \frac{|E_{E_S,\text{min}}|}{(SOC_{E_S,\text{max}} - SOC_{E_S,\text{min}}) \times \eta_{E_S,\text{dis}}}, E_{E_S}, L \right] \tag{6-9}$$

三、微电网系统的经济运行优化

微电网系统的经济运行优化是微网的集成控制及能量管理研究中的一个重要内容。国外的相关科研组织对此已取得一定的研究成果，如：欧盟的研究划分较为细致，分别针对集中控制式和分散控制式微网系统展开研究；日本在工程应用方面较为领先，开发了相应的能量管理软件并已将其在所建的示范工程中加以应用。而国内关于微电网的研究之前主要是集中于单元级的风力发电、光伏发电、（微型）燃气轮机等分布式发电（distributed generator，DG）单元和超级电容、超导、飞轮等分布式储能单元。微电网系统级的能量管理研究近来也开始受到关注，储能在含新能源发电的配电网/微电网的配置需要进行技术性能和经济性能的综合考虑。

根据微电网与主网间的能量交互方式及微电网内可分布式电源是否享受优先调度权，可将微电网与主网间的交互运行控制策略分为以下 3 种：

（1）优先利用微电网内部的可分布式电源来满足网内的负荷需求，可以从主网吸收功率，但不可以向主网输出功率；

（2）微电网内部的 DER 与主网共同参与系统的运行优化，但仍是可以从主网吸收功率，不可以向主网输出功率；

（3）微电网可以与主网自由双向交换功率。

对于可再生能源发电系统，虽然环境效益很好，运行成本也很低，但长期以来安装成本较高，使其综合经济效益无法与其他发电形式相竞争。因此中国电力行业目前的管理方式是可再生能源发电享受优先调度权和电量被全额收购的优惠。

储能系统的优化配置模型大都以综合成本（包括初始投资和运行维护成本）最小为目标建立，如式（6-10）所示。

$$\min \sum_{t \in T} \left(\sum_{s \in S} C_{t,s} + \sum_{r \in R} C_{t,r} + \sum_{h \in H} C_{t,h} \right) \tag{6-10}$$

式中　T——研究周期；

t——研究中期的某一时间段；

S，R，H——分别为储能单元、新能源发电单元和传统机组的总台数；

$C_{t,s}$——该时间段内储能单元的投资成本和运行维护成本之和；

$C_{t,r}$——该时间段内新能源发电单元的投资成本和运行维护成本之和；

$C_{t,h}$——该时间段内传统机组的投资成本和运行维护成本之和。

目前储能系统优化配置的研究主要考虑含新能源发电系统的技术性能和经济性能，对于储能系统的合理配置与调度，优化方法的运用以及微网中电源结构的选择仍将是研究的热点。

第三节　电化学电池在微电网的应用实例

随着分布式发电技术的不断提高，能源危机的加剧以及人们对环境的关注，分布式微电网日益受到重视，目前世界各国都加大了对分布式微电网的推广和应用。很多美国高校都宣布要搞微型电网项目。特别值得一提的是坐落在首都华盛顿的霍华德大学。该校刚同Pareto能源公司签署研发一套能为校园发电和供暖供冷的装置的协议。Pareto计划投资1500万~2000万美元用于改造该校的中央系统，工期2年。加州的圣迭戈大学也主推微型电网。该校研发的被公认为世界最先进的微型电网之一，规模预计为1200英亩，可为450幢房屋供电，涉及用户4.5万人。该研究项目是加州能源委员会主导的"社区可再生能源安全"项目的一部分，目的是测试地方能源尤其是校园内可再生能源并网的情况。校内安装了2台单机容量13.5MW的燃气涡轮机，1台3MW的蒸汽机和一套1.2MW的光伏发电装置，可满足学校82%的电力需求。另外美国军方也对微型智能电网技术情有独钟，军方尝试在加州中部毗邻美军基地的亨特·利格特堡安装太阳能微型电网。这套系统装机容量1MW，造价预计500万~1000万美元。就算有雾天气致发电效率下降，1MW也能满足200栋住宅一年的用电需求。微型电网能保障当地的能源安全，在停电的时候为当地供电，并降低用电高峰期向主干电网重新分配电力的费用。借助自带的储存功能和输电设备，电网变得更加可靠、更加安全，并降低了该处对外界的能源依赖，这也是军事基地最关键的优势。

虽然我国在微电网的技术研究方面还处于起步阶段，但近年来已有一些微电网试点工程建成投运，表6-3列出了我国的一些微电网试点工程。

表6-3　　　　　　　　　　　　我国的微电网试点工程

序号	名称/地点	系统组成	主要特点
1	西藏阿里地区狮泉河微电网	10MW光伏电站，6.4MW水电站，10MW柴油发电机组，储能系统	光电、水电、火电多能源互补；海拔高，气候恶劣
2	西藏日喀则地区吉角村微电网	总装机1.4MW，由水电、光伏发电、风电、电池储能、柴油应急发电构成	风光互补；海拔高、自然条件艰苦
3	西藏那曲地区丁俄崩贡寺微电网	15kW风电，6kW光伏发电，储能系统	风光互补；西藏首个村庄微电网
4	青海玉树州玉树县巴塘乡10MW级水光互补微电网	2MW单轴跟踪光伏发电，12.8MW水电，15.2MW储能系统	兆瓦级水光互补，全国规模最大的光伏微电网电站之一

序号	名称/地点	系统组成	主要特点
5	青海玉树州杂多县大型光伏储能微电网	3MW 光伏发电，3MW/12MWh 双向储能系统	多合储能变流器并联，光储互补协调控制
6	青海海北州门源县智能光储路灯微电网	集中式光伏发电和锂电池储能	高原农牧地区首个此类系统替代寿命较短的铅酸电池
7	新疆吐鲁番新城新能源微电网示范区	13.4MW 光伏容量（包括光伏和光热），储能系统	当前国内规模最大、技术应用最全面的太阳能利用与建筑一体化项目
8	内蒙古额尔古纳太平林场微电网	200kW 光伏发电，20kW 风电，80kW 柴油发电，100kWh 铅酸蓄电池	边远地区林场可再生能源供电解决方案
9	内蒙古呼伦贝尔市陈巴尔虎旗微电网	100kW 光伏发电，75kW 风电，25kW×2h 储能系统	新建的移民村，并网型微电网
10	广东珠海市东澳岛兆瓦级智能微电网	1MW 光伏发电，50kW 风电，2MWh 铅酸蓄电池	与柴油发电机和输配系统组成智能电网，提升全岛可再生能源比例至70%以上
11	广东珠海市担杆岛微电网	5kW 光伏发电，90kW 风电，100kW 柴油发电，10kW 波浪发电，442kWh 储能系统	拥有我国首座可再生独立能源电站；能利用波浪能；具有 60t/天的海水淡化能力
12	浙江东福山岛微电网	100kW 光伏发电，210kW 风电，200kW 柴油发电，1MWh 铅酸蓄电池	我国最东端的有人岛屿；具有 50t/天的海水淡化能力
13	浙江南麂岛微电网	545kW 光伏发电，1MW 风电，1MW 柴油发电，30kW 海洋能发电，1MWh 铅酸蓄电池	能够利用海洋能；引入了电动汽车充换电站、智能电能表、用户交互等先进技术
14	浙江鹿西岛微电网	300kW 光伏发电，1.56MW 风电，1.2MW 柴油发电，4MWh 铅酸蓄电池储能系统，500kW×15s 超级电容储能	具备微电网并网与离网模式的灵活切换功能
15	海南三沙市永兴岛微电网	500kW 光伏发电，1MWh 磷酸铁锂电池储能系统	我国最南方的微电网
16	天津生态城二号能源站综合微电网	400kW 光伏发电，1489kW 燃气发电，300kWh 储能系统，2340kW 地源热泵机组，1636kW 电制冷机组	灵活多变的运行模式；电冷热协调综合利用
17	天津生态城公屋展示中心微电网	300kW 光伏发电 648kWh 锂离子电池储能系统，2340kW 地源热泵机组，2×50kW×60s 超级电容储能系统	"零能耗"建筑，全年发用电量总体平衡
18	江苏南京供电公司微电网	50kW 光伏发电，15kW 风电，50kWh 铅酸蓄电池储能系统	储能系统可平滑风光出力波动；可实现并网/离网模式的无缝切换
19	浙江南都电源动力公司微电网	55kW 光伏发电，1.92MWh 铅酸蓄电池/锂电池储能系统，100kW×60s 超级电容储能系统	电池储能主要用于"削峰填谷"；采用集装箱式，功能模块化，可实现即插即用

续表

序号	名称/地点	系统组成	主要特点
20	河北承德市生态乡村微电网	50kW 光伏发电，60kW 风电，128kWh 锂电池储能系统，3 台 300kW 燃气轮机	为该地区提供电源保障，实现双电源供电，提供高用电电压质量冷热电三联供技术
21	北京延庆智能微电网	1.8MW 光伏发电，60kW 风力发电，3.7MWh 储能系统	结合我国配网结构设计，多级微电网架构，分级管理，平滑实现并网/离网切换
22	国网河北省电科院光储热一体化微电网	190kW 光伏发电，250kWh 磷酸铁锂电池储能系统，100kWh 超级电容储能，电动汽车充电桩，地源热泵	接入地源热泵，解决其启动冲击性问题；交直流混合微电网
23	江苏大丰市风电淡化海水微电网	2.5MW 风电，1.2MW 柴油发电，1.8MWh 铅酸蓄电池储能系统，1.8MW 海水淡化负荷	研发并应用了世界首台大规模风电直接提供负载的孤岛运行控制系统

一、独立微电网

（一）青海曲麻莱纯离网光伏电站

2013 年 12 月 11 日，位于青海省玉树藏族自治州的曲麻莱纯离网光伏电站正式投入运营，该电站位于海拔 4200m 的青藏高原，冬季温度低至 -30℃，其电站总容量达到了7.203MW。曲麻莱离网电站的建成使得这个远离大电网的偏远地区的藏族人民告别了缺电，用电困难的生活，以前的曲麻莱依靠早期建的一座二级水电站，由于冬季寒冷并且水电站容量限制，只能隔天限时给县里供电，给人民生产生活带来了不便，也严重制约了县里的发展。光伏电站的建成全部解决了县城常驻用户 3866 户，11 429 人以及自来水厂、肉联厂、鹿厂、砖厂、寺庙等用电大户无电，缺电问题。图 6-11 为曲麻莱纯离网光伏电站的外部环境图。

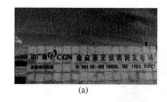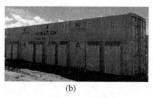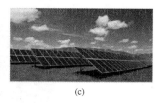

(a)　　　　　　　　　(b)　　　　　　　　　(c)

图 6-11　曲麻莱纯离网光伏电站的外部环境图

（a）曲麻莱光伏电站；（b）曲麻莱光伏电站汇川 IES 双向储能变流器兆瓦集装箱；（c）曲麻莱光伏电站电池组件

曲麻莱（7.203MW）离网电站系统组成包括 14 台 500kW 汇川 IES100T500 双向储能变流器、锂电池储能系统 5MWh、铅酸储能系统 20.7MWh、光伏逆变器 7MW。图 6-12 为曲麻莱离网电站系统示意图。在无电区（孤岛系统）中，通过汇川 IES100 系列双向储能变流器合理分配，双向储能变流器分别作为微电网系统中的电压源（V/f 模式）和电流源（P/Q 模式），在吸收电网的功率波动的同时为负载提供稳定的电压和频率，调节发电和用电间的平衡来实现纯离网系统的稳定运行。

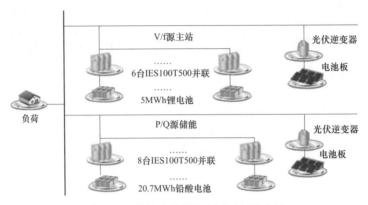

图 6-12   储能系统提高离网运行稳定性

(二) 北麂岛离网光伏储能电站项目

随着柴油发电成本的不断攀升，消耗不可再生能源还会导致严重的环境污染，因此利用可再生能源发电已逐步进入偏远地区供电系统中。传统的可再生能源发电需柴油发电机建立主干网协助工作，并且受环境因素影响较大，不能满足人们对高质量电力供应的需求。"汇川技术"提出的智能微电网方案，可有效解决原有偏远地区供电存在的问题，减少或完全剔除柴油机发电，改善环境因素对可再生能源发电的影响，为用户提供安全、稳定的电力供给。北麂岛 1.274MW 离网光伏储能电站项目，是基于此方案的工程。图 6-13 为分布式的光伏发电系统，图 6-14 为汇川技术提供的包括光伏发电、柴油机发电和储能系统的微电网解决方案。

图 6-13   北麂岛上的光伏发电太阳能面板

北麂岛 1.274MW 离网光伏储能电站项目基于汇川技术成熟的微网方案，由柴油发电机组、主干网支撑系统、储能系统、光伏发电系统和用户用电系统组成一个光、柴、蓄离网输用电系统。柴油发电机组由 2 台 250kW 和 1 台 500kW 的柴油发电机组成。4 台 250kVA 双向变换器构成微电网主干网，其中两台双向变换器分别配备 400kWh 磷酸铁锂电池，另两台分别配备 900kWh 铅酸电池。为保证系统储能容量另配置 2 台 250kW 的储能

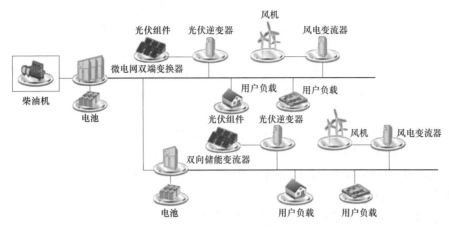

图 6-14　微电网结构图

变流器，每台储能变流器配备 2MWh 铅酸电池，此微电网系统总存储能量可达 6.6MWh。光伏发电系统由 1.274MW 太阳能电池板和 5 台 250kW 汇川光伏逆变器组成。

　　通过此方案可形成一个以双向变换器为基础电网，结合光伏发电的智能微网系统通过汇川 IBD100 系列微网双端变换器将柴油机发电、光伏发电、风力发电设备以及蓄电池等电源设备进行并网联结，构建新型绿色智能微型电网，可以给用户负载提供较高质量的电能，即使脱离了配电网，仍可以独立运行。

　　（1）微电网正常工作状态下柴油机不工作，由微网双端变换器形成主干网，储能变流器、光伏发电系和用户负载挂接在主干网上；

　　（2）当光照充足时光伏系统发电供居民负载用电，同时多余的能量通过微网双端变换器和双向储能变流器为储能电池充电；

　　（3）当光伏系统不发电或发出的电能不足以供给用户负载使用时，通过调配储能变流器所接电池里存储的能量供负载使用。

　　北麂岛离网光伏储能电站项目于 2013 年 9 月完成"金太阳"验收，工程竣工后已解决岛上供电紧张、电能质量差、电力供应不稳定的局面，保护了海岛生态环境，为促进海岛经济发展提供清洁能源。

　　（三）海南海岛型微电网

　　海南岛位于中国最南端，北隔琼州海峡与广东相望，南临广阔的南海，地处热带，位于东经 108°37′~111°05′，北纬 18°10′~20°10′之间，与美国夏威夷处在相近纬度。海南是中国最具热带海洋气候特色的地方，全年暖热，雨量充沛，干湿季节明显，常风较大，热带风暴和台风频繁，气候资源多样。海南岛年太阳总辐射量约 110~140 千卡/cm³，年日照时数为 1750~2650h，光照率为 50%~60%。根据该岛的地形地貌和自然条件加之用电增长预测，不得不采用一种更为经济的发电方式。而在众多可再生能源技术开发中潜力最大、最具开发价值的是风能和太阳能，它们是一种取之不尽，用之不竭的可再生能源。风—光—柴—蓄混合互补发电系统由风力发电单元、太阳能发电单元、蓄电池充放电单元和柴油发电机组成。配置的主要目标是，满足孤立岛屿 72h 用电的同时要求发电效率高，系统运行成本低。其优化配置思想就是从一系列混合电源配置方案中找出一种最为理想的配置，该配置能尽可能多地利用太阳能和风能，减少柴油机的运行，提高整个系统的发电量。

海南岛海岛型微电网建设项目，设计负荷容量不小于 10kWh，负荷类型为单相负荷和三相负荷混合用电接入。按当地最小日照辐射量的日照时数，和年平均风速建设当地工程方案如下：

（1）利用屋顶和坡地建设发电峰值容量 50kWp 的光伏发电系统 2 套；

（2）沿驻地周围一侧布置安装具有微风启动、轻风发电特点的 5kW 小型风力发电系统 6 台，形成安装容量为 30kW 的小型风力发电系统，连同充电站屋顶光伏发电系统一起接入充电站供电网络；

（3）为保证系统连续供电的可靠性，配置 30kW 的电启动电子调节阀门柴油发电系统，作为冷后备电源，可一键启动也可在交流母线失电后自动启动；

（4）该项目配置 100kW PCS，600kWh 磷酸铁锂储能系统接入海岛型微电网系统；

（5）部署包含了二次测控保护、通信与数据采集在内的设备和微电网集中管理系统，实现孤岛微电网供电网络的协调运行，最终建成一个包含风、光、柴、储、微一体的智能化供电系统，利用微电网的实时调度与控制实现整个系统的高效、安全运转。

在完全没有大电网接入的情况下，规划了风、光、柴、储一体的孤岛型微网系统的一次接线布置方案，如图 6-15 所示。

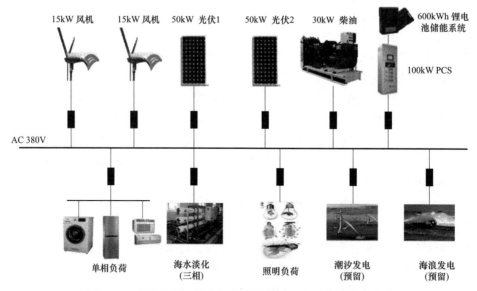

图 6-15　风光柴储一体化海岛型微电网一次系统设计展示图

图 6-16 为磷酸铁锂电池柜工作原理示意图。选用 100kW PCS 单元实现电池的充放电控制。电池的循环寿命在 2000 次左右，每个电池包含有电池管理系统，每一个组串含有电池组串管理系统，整个电池系统包含一个电池监控系统。各级电池管理系统采用 CAN 总线结构通信，并配置以太网方式。由图 6-16 可以看出该系统的配置解析如下：分布能

源（50kW 光伏发电 2 套、600kWh 储能 1 套、30kW 柴油发电系统 1 套、15kW 风力发电系统 2 套）通过三相并网设备接入交流母线；潮汐发电系统和海浪发电系统作为二期建设项目，其容量待定；单相负荷为洗衣机、空调、冰箱、照明等生活用设备，三相负荷有海水淡化系统等，日负荷平均用电量约为 10kW；由于储能电池容量太大，所以风光柴的容量设计的远比用户实际负荷大，这样才能保证短时间内把储能系统充满，以应对海上的极端天气。

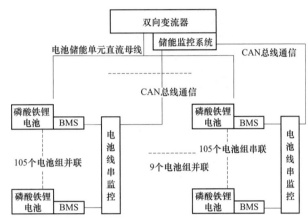

图 6-16　600kWh 磷酸铁锂电池柜工作示意图

储能功率需求按能够在极度恶劣的天气条件下，10kW 负载不间断供电 72h 计算。考虑负载用电的不均衡性，因此配备的储能容量为 600kWh。2 套光伏太阳能按 100kW 计算，每天 9：00～17：00 按平均 50%发电，同时考虑天气因素系数按照 0.7 计算，则平均每天的发电量为 100×8×0.5×0.7＝280kWh，在不带任何负载的条件下，用 2 天半可以把完全放电状态下的储能系统充满，如果风速风向可以的话 2 天则可把其充满。

充电站配电室储能系统选用 100kW/600kWh 电池储能装置，储能装置包括电池系统和双向控制装置、工频隔离变压器，输入侧采用工频变压器实现电气隔离，降低了电池对地绝缘的要求，系统运行更加安全，同时也能更好地匹配电池组运行电压范围，同时可通过在隔离变压器低压侧通过并联设备来扩展容量。系统构成如图 6-17 所示。

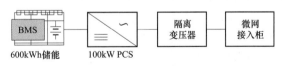

图 6-17　储能系统示意图

储能系统用于实现电池与电网间能量双向交换，可工作在蓄电池充电模式和蓄电池能量回馈电网模式。可采用远程、本地等控制方式，设备具有存储分时段工作模式功能，当与后台管理系统出现故障时，设备可按照本地存储的分时段工作模式进行工作。网侧 AC/DC 功率变换单元采用全控三相高频 SPWM 整流（逆变）模块接入电网，该模块可四象限运行，既可以从电网吸收有功，也可将电池能量回馈到电网。具有节能，输入功率因数高，电流谐波畸变率低等特点。为实现大容量应用，电池一般需要进行分组，因此储能装置需要同时提供多组电池的充放电管理，本方案 100kW 储能装置可同时提供 1~2 组蓄电池的充放电接口，各模块可独立运行，因此可支持电池组的在线更换，即在不影响其他组电池正常充放电工作的情况下，对其中某组的蓄电池进行更换，在停运某组运行的过程中还可实现并网功率的基本恒定。

充电站储能系统电池组部分由 1 个 600kWh 磷酸铁锂电池模块电池模块组成。图 6-18 为 600kWh 磷酸铁锂电池的外形。

图 6-18　600kWh 磷酸铁锂电池架

二、联网微电网

（一）蒙东陈旗微电网工程

我国地缘辽阔，在许多边远地区还有很多无电人口，经济生活水平较差，因此对电的需求十分迫切，解决边远地区供电问题一直是政府努力推进的工作。蒙东电力公司根据国家电网公司的统一部署要求，结合本地实际，选择在陈巴尔虎旗赫尔洪得移民新村哈日干图嘎查实施的蒙东分布式发电储能及微电网试点工程，建设并网型和离网型微电网各一处，在实际解决本地无电区供电需求的同时，解决农村智能配电网建设中的关键技术问题，探索分布式发电/储能及微电网在农村电网的接入和建设模式，为农村智能配电网的建设提供理论、技术及实践依据。

陈巴尔虎旗地区风光资源丰富：当地 10m 高度年平均风速为 4.2m/s，年有效风速小时数达 7318h（3~25m/s），风向较为稳定，地势非常平坦；当地年平均可照时数 4452.7h，日照时数 2916.5h，日照百分率 66%，夏季早 5 时~19 时，冬季为早 8 时~17 时。因此，选用风光互补的方式作为微电网的分布式电源。蒙东陈旗微电网系统构成如图 6-19 所示。微电网内分布式电源含风电 20kW，光伏 30kW，储能 42kW/50kWh；微电网外分布式电源含风电 30 kW，光伏 50kW+30kW；微电网内负荷包括 24 户居民用电负荷、1 个奶站负荷、站用 UPS，另外微电网外负荷包括 76 户民用负荷、水泵、站用电。

陈旗微网试点工程配置有 110kWp 的光伏，一套 HY-20kW 风力机和一套 HY-30kW 风力机，42kWh 锂电池以及 PCS 等。其中 30kW 风力机和 80kWp 光伏板作为为分布式电源，主要作并网发电和供新村 1 线用电。20kW 风力机和 30kW 光伏板作为微电网内的新能源部分，主要作供新村 1 线用电和通过 PCS 对锂电池组充电用。该试点工程为典型的分

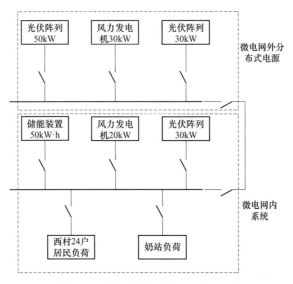

图 6-19　蒙东陈旗微电网系统构成

布式电源和微电网相对独立的供电系统，整个系统既可以作为并网系统运行，也可以作为孤网系统运行。

1. 并网方式

主要实现可再生能源的综合利用，解决电能短缺问题。

（1）所有分布式电源逆变器都采用电流源模式；

（2）光伏和风电的逆变器采用最大功率输出模式；

（3）储能系统起平抑间歇性能源出力波动、削峰填谷、提高可再生能源利用效率的作用。

2. 孤网方式

保证部分负荷在外网断电的情况下正常运行。

（1）储能系统作为主电源，工作模式由电流源模式转换为电压源模式；

（2）储能系统根据光伏出力、风电出力和负荷需求情况自动调节自身充放电状态和功率，维持微网中电源出力和负荷的实时平衡；

（3）必要时候可采取切负荷/切机手段。

3. 并网转离网

（1）当外部电网发生故障时，检测到并网母线电压过低，双向逆变器（PCS）的内置转移继电器会自动打开，并自动切换成电压源模式，储能系统维持微网电压和频率保持恒定；

（2）风力、光伏发电逆变器在微网模式切换过程中自动退出（孤岛保护），待检测到微网母线电压正常时，重新并网运行；其仍工作在电流源模式。

4. 离网转并网

当外部电网恢复时，检测到并网母线电压恢复正常，微网控制器给双向逆变器下达孤网转并网指令。双向逆变器接受并网指令后，自动检测同期并网，并同时切换成电流源模式。风力、光伏发电逆变器继续运行，仍工作在电流源模式。

　　蒙东分布式发电/储能及微电网接入控制试点工程投运后，已经显现出可观的经济社会效益。哈日干图嘎查牧民依靠稳定的电力搞起电气化畜牧业，新居依靠多网融合技术接入了数字电视、固定电话、互联网端口，牧民可享受收看电视、收听广播、登录互联网、进行视频点播等增值服务。此外，网络平台拥有同步采集电能量信息等功能。截至 2012 年 8 月 21 日，蒙东分布式发电/储能及微电网接入控制试点工程总发电量 1.6944 万 kWh，其中微电网和分布式电源通过 35kV 配电化线路向大电网送电 1.2478 万 kWh。图 6-20 为蒙东陈旗微电网的分布式风光发电系统。

图 6-20　蒙东陈旗微电网的分布式风光发电系统

　　该项目的实施，对分布式风光储发电项目解决无电地区供电问题具有很强的借鉴意义，其供电可靠性、稳定性远高于户用风光互补离网系统：

　　（1）首次提出了基于风光储互补发电与 35kV 配电化电网延伸相结合的供电技术解决方案，为我国边远无电地区和轻负荷地区实现经济输配电提供了新思路、新模式；

　　（2）首次提出了分布式发电、配电网与用户负荷的分组优化设计方案，实现了分布式电源、微电网与配电网协调控制的多态运行模式和灵活网络结构，提高了系统控制水平和运行效率，为探索分散式可再生能源发电与电网友好互动模式奠定了技术基础；

　　（3）提出了多模态、四维度运行控制策略和自平衡微电网平滑控制方法，研制了具备并/离网平滑切换性能的分布式电源/微电网保护控制设备，开发了分布式电源/微电网并网运行控制和能量管理系统，实现了分布式电源/微电网的灵活运行控制与能量优化调度；

　　（4）提出了设备层、过程层、主控层三级保护技术方案，通过设备层配置双向潮流保护/欠压脱扣保护装置、过程层与主控层配置保护控制策略，为电网运行和作业提供了有效安全保障。

（二）厦门五缘湾微电网工程

　　厦门五缘湾微电网是一个光储互补微电网，主要包含分布式光伏发电系统、储能系统、测控保护系统、计量通信、微电网运行监控平台与能量管理系统等，其一次设备构成如图 6-21 所示。五缘湾微电网由光伏发电系统、储能系统、测控保护系统、主控系统四个部分组成。系统集成自动化、信息化、互动化等多种新技术，综合了计算机技术、综合布线技术、通信技术、控制技术、测量技术等多学科技术领域，是一种跨技术领域、多系统协调集成的综合应用，在实现高可靠供电的同时，实现可再生能源的优化利用和系统的经济运行，实现小区的智能化用电服务。

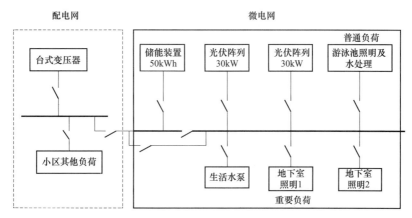

图 6-21　五缘湾微电网构成

厦门五缘湾微电网的构成如下：

（1）60kW 光伏发电系统。太阳能板发出的电能通过汇流箱接入到并网逆变器的输入端，分别通过两台 30kW 并网逆变器系统接入小区内部低压电网，为小区内负荷供电，系统暂不具备离网独立运行的能力。

（2）储能系统包括 48kW 双向储能逆变器及 50kWh 锂电池储能单元。储能系统一方面可在电网停电条件下为微电网系统提供电压和频率支撑，保证光伏发电系统和关键负荷正常运行，另一方面可以储存光伏发电或夜间低谷时段的电能，在光伏出力不足时发出。

（3）测控保护系统包括测控保护装置、微电网并网点保护装置、电能质量检测装置、微电网集中控制器、双向智能电表及相关通信设备，实时检测微电网运行状况，并进行调整，保障微电网系统安全稳定运行，同时可接受主站调度指令，在安装运行基础上进一步实现资源高效利用。

（4）主控系统完成对微电网系统的经济优化调度及微电网与配电网的协调互动管理，包括分布式发电预测、负荷需求预测、发电计划、微电网优化调度策略、配电网协调互动策略，实现微电网的能量管理与能源高效利用和系统经济运行。

厦门五缘湾微电网控制系统采用集中管理和分层控制的思想，对整个系统中的设备进行分层/分级控制，解决分布式光伏、储能及负荷的协调控制和优化运行问题。主站层负责能量管理策略的制定，集中控制层负责优化协调控制的执行，就地控制层实现分布式电源/储能/负荷的运行控制与保护。能量管理系统采用基于思维能量管理空间的能量优化策略，将运行模式、时间序列、优先级别、控制策略四维度信息组合，实现不同运行方式下的优化控制。根据负荷预测、光伏预测及储能剩余电量，结合经济调度和优化策略，调节分布式电源处理或投切非重要负荷，从而实现区域能量的优化配置，达到经济运行的效果。

该微电网的技术创新包括：提出了实现分布式电源/微电网并离网稳定切换的控制方法，有效减少电压波动与并网运行时的冲击影响，实现运行模式的平稳切换和负荷的无间隙稳定运行；提出了基于微电网负荷分级管理的储能充放电控制方法，保障关键负荷、重要负荷的长期稳定供电，实现离网运行储能系统最大效能运行；提出了微电网自平衡和平滑的优化控制方法，通过功率自平衡算法和自平滑的控制方法，实现了功率的自适应控制，解决了分布式电源/微电网的友好接入问题。

厦门五缘湾项目重点研究了光储型微电网在城市配电网中的典型建设模式、应用模式和运营模式，用户负荷优化分组设计及区域能源优化管理等技术，有效提高了小区供电可靠性和能源利用率。通过该试点工程建设，将形成标准化、可复制、可推广的城市光储微电网典型建设和应用模式，推动我国资源节约型、环境友好型智慧城市建设。

（三）圣丽塔监狱微电网项目

由于市场操作和违规断电等原因，2000~2001 年加利福尼亚出现了大规模的停电事故，致使 Alameda County 地区开始寻找能够维持圣丽塔监狱稳定供电的方式。该监狱是全美第五大监狱，保证安全、通信和生活等设施持续供电尤其重要。圣丽塔监狱从 2002 年开始，陆续安装建设微网的各项设备，完成了分布式可再生能源发电向微网的过渡。2012年 3 月 22 日，雪佛龙能源解决方案公司（Chevron Energy Solutions）为该监狱建设的微电网正式开始运行。比亚迪公司的锂离子电池和 S&C 电气公司的 PureWave® 储能管理系统为圣丽塔监狱微网提供储能服务，用于风电、光伏等间歇式可再生能源的平滑输出、电价管理和备用电源等。监狱内的燃料电池、太阳能电池板、风力机组、柴油发电机所产生的电力汇入微电网，能独立运行大型集中式电厂。当暴风雨毁坏了常规电网时，该系统可保持电力供应，这对于安全要求极高的设施具有重要意义。据悉，该系统每年可为监狱节省约10 万美元。图 6-22 为圣丽塔监狱的外观图和燃料电池外观。

图 6-22　圣丽塔监狱外观及其微电网的燃料电池系统

圣丽塔监狱微电网项目中所有的设备都是在过去的十多年不同时期安装完成的。2002年，BP 公司为 1.2MW 的光伏屋顶提供太阳能电池板；2005 年，FuelCell Energy 公司提供1MW 的燃料电池系统；2010 年，Southwest Windpower 公司提供 5 台 2.3kW 的风电机组；2012 年比亚迪公司提供 2MW 锂离子电池，并由 S&C 公司提供 PureWave® 储能管理系统；Solaria 公司提供的 275kW 太阳能电池板成功安装运行；Focal Point Energy 公司的太阳能热水系统也陆续完成了安装工作；此外，劳伦斯伯克利国家实验室还为该项目储能设备的高效充放电提供 DER-CAM 软件支持。该微电网的建成可以使该监狱孤岛运行 8h 以上，也可以在夜晚电价便宜时并网为储能设备充电并在电价高的时候使用，这种电价管理每年可以为该监狱节约 10 万美元。

圣丽塔监狱所配备的 2MW 的磷酸铁锂离子电池储能系统，在短时间供电中断的情况下，电池储能系统可以作为备用电源直接供电；在长时间停电的情况下，电池的能量被耗尽，微电网将会让发电机全力为监狱供电并同时为电池充电。该储能系统还可以用于分时管理电价，以节省该监狱的电费开支；以及平滑输出光伏、风电等可再生能源，使其并入微电网且最大限度地提高其利用率。另外，由劳伦斯伯克利国家实验室研发的分布式能源资源客户采纳模型（Distribution Energy Resource-Customer Adoption Model）软件，通过充放电时间的最优化设计可以达到降低成本的目的。

微电网的首批用户是那些短时停电都能造成巨大影响的企业和机构，如监狱、医院、数据中心、军事基地等，以及没有接入常规电网的偏远地区。在加利福尼亚等地，电力成本很高，对使用备用发电机的规定也很严格，因此使用微电网就更有经济意义。而且，当可再生能源和大规模电池成本下降，先进控制手段和电力电子技术提高了微电网效率时，微电网将很快在更多地区推广。

（四）美国 Gills 洋葱加工厂储能项目

位于加利福尼亚州奥克斯纳德的 Gills 洋葱加工厂是世界上最大的新鲜洋葱加工厂之一，每年共有超过 9 万 t 的新鲜洋葱在这里加工。为了降低成本、变废为宝以及节能减排，2009 年 7 月该公司引进了一套先进能源回收系统（AERS），该系统中包含两个 300kW 的燃料电池发电系统，通过将切割洋葱后的剩余物质转化为生物质燃料发电，每年为工厂节约电费 70 万美元。

2010 年 12 月，为了进一步提高 AERS 的效率，提供清洁的后备及紧急电源，进一步降低电费开支，Gill 是工厂与普能公司合作，引入了普能公司开发的世界领先的全钒液流电池储能系统。该系统具备电网级规模循环储电的能力，并获得加州爱迪生电力公司（Southern California Edison）的并网运营许可。全钒液流电池储能系统由 3 个 200kW 的储能模块构成，总容量为 600kW/3600kWh。全钒液流电池储能系统的一个显著优点就是通过及时存储和释放电能降低吉尔斯洋葱公司的用电成本。普能系统在用电成本最低时储电，在用电成本高时供应存储的电能。美国加州的电价在用电高峰时段上调，尤其是午后的 6h，为了缓解这个时段用电紧张局面，加州爱迪生电力公司必须增加额外的发电量满足用电需求。发电产生的额外成本按照分时电价机制由最终用户承担。尽管吉尔斯洋葱公司通过企业拥有的发电厂满足大部分自身用电需求，但是日常用电仍需依赖加州爱迪生电力公司的电网。使用普能公司的储能系统后，尤其是在晚上低谷时给系统充电，午后用电高峰时段释出，吉尔斯洋葱公司将可以降低企业的用电成本。图 6-23 为吉尔斯洋葱公司使用的全钒液流电池及工厂厂房的外观。

普能公司专注于大容量全钒液流储能系统（VRB-ESS®）的商业化应用，在全钒液流储能系统的研发、制造、系统工程设计和商业应用领域处于世界领先地位，其 VRB-ESS® 是迄今唯一具有兆瓦级储能电站多年商业运行的全钒液流储能系统。普能以安全、优质、

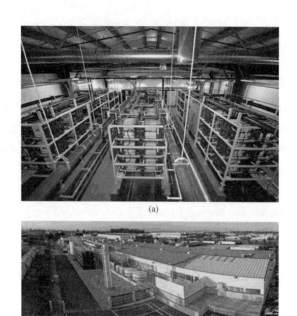

图 6-23　吉尔斯洋葱公司工厂外观图

（a）3600kWh 钒液流电池；（b）外观图

高效、环保和长循环寿命的储能解决方案为风能及太阳能等新能源的电网接入提供支撑、提高电能质量、使电网能安全、稳定、可靠、高效地运行。VRB®储能系统经济有效地存储大量电能并能接近无限次数深度充放循环，是一种低维护、高效能和环保的电力系统技术。VRB®技术突破可再生能源应用的技术瓶颈、大大提升电能的可调度性、推动清洁能源的大规模应用，削峰填谷，平衡电力负荷，调压调频，保障电网安全运行，参与智能电网建设，解决偏远地区以及通信基站的用电问题。

　　Gills 洋葱加工厂的项目与其他类型示范项目相比，具有自己的显著特征。首先，由于分时电价和容量费用的存在，使得项目是能够带来收益的，商业上是可行的，而不仅是一个研究项目或展示项目；其次，每天可随用户的用电负荷情况进行多次充放电操作；最后，按照工厂的用电需求，储能设备至少可提供持续 4h 的电能，并且设备保修期为 5 年。另外，加利福尼亚州政府为了鼓励用户安装特定形式的储能设备，规定满足条件的项目给予一定的自主，这也促进了吉尔斯洋葱公司安装储能设备。

参 考 文 献

　　[1] 苏伟，等. 化学储能技术及其在电力系统中的应用 [M]. 北京：科学出版社，2013. 8.

　　[2] 苏剑，等. 分布式电源与微电网并网技术 [M]. 北京：中国电力出版社，2015. 12.

　　[3] 薛贵挺. 含多种分布式能源的微电网优化及控制策略研究 [D]. 上海：上海交通

大学，2014.

［4］王成山，李鹏. 分布式发电、微网与智能配电网的发展与挑战［J］. 电力系统自动化，2010，34（2）：10-14+23.

［5］牟晓春. 微电网综合控制策略的研究［D］. 吉林：东北电力大学，2011.

［6］丁明，张颖媛，茆美琴. 微网研究中的关键技术［J］. 电网技术，2009，33（11）：6-11.

［7］吴卫民，何远彬，耿攀，等. 直流微网研究中的关键技术［J］. 电工技术学报，2012，27（1）：98-106+113.

［8］盛鹍，孔力，齐智平，等. 新型电网-微电网（Microgrid）研究综述［J］. 继电器，2007，35（12）：75-81.

［9］刘天琪，江东林. 基于储能单元运行方式优化的微电网经济运行［J］. 电网技术，2012，36（1）：45-50.

［10］丁明，张颖媛，茆美琴，等. 包含钠硫电池储能的微网系统经济运行优化［J］. 中国电机工程学报，2011，31（4）：7-14.

［11］王新刚，艾芊，徐伟华，等. 含分布式发电的微电网能量管理多目标优化［J］. 电力系统保护与控制，2009，37（20）：79-83.

［12］王成山，肖朝霞，王守相. 微网综合控制与分析［J］. 电力系统自动化，2008，32（7）：98-103.

［13］施婕，郑漳华，艾芊. 直流微电网建模与稳定性分析［J］. 电力自动化设备，2010，30（2）：86-90.